旗 標 FLAG

好書能增進知識　提高學習效率　卓越的品質是旗標的信念與堅持

旗 標 FLAG

http://www.flag.com.tw

旗 標 FLAG

好書能增進知識　提高學習效率　卓越的品質是旗標的信念與堅持

旗 標 FLAG

http://www.flag.com.tw

旗 標 FLAG

好書能增進知識　提高學習效率　卓越的品質是旗標的信念與堅持

旗 標 FLAG

http://www.flag.com.tw

速効！
Excel

速効!ポケットマニュアル Excel
基本ワザ&仕事ワザ 2016&2013&2010&2007

超實用工作術

2016/2013/2010/2007 適用

感謝您購買旗標書,
記得到旗標網站
www.flag.com.tw
更多的加值內容等著您…

● FB 官方粉絲專頁:旗標知識講堂

● 旗標「線上購買」專區:您不用出門就可選購旗標書!

● 如您對本書內容有不明瞭或建議改進之處, 請連上旗
標網站, 點選首頁的 聯絡我們 專區。

若需線上即時詢問問題,可點選旗標官方粉絲專頁留
言詢問, 小編客服隨時待命,盡速回覆。

若是寄信聯絡旗標客服emaill, 我們收到您的訊息後,
將由專業客服人員為您解答。

我們所提供的售後服務範圍僅限於書籍本身或內容
表達不清楚的地方, 至於軟硬體的問題, 請直接連絡
廠商。

學生團體　　訂購專線:(02)2396-3257 轉 362
　　　　　　傳真專線:(02)2321-2545

經銷商　　　服務專線:(02)2396-3257 轉 331
　　　　　　將派專人拜訪
　　　　　　傳真專線:(02)2321-2545

國家圖書館出版品預行編目資料

速效!Excel 超實用工作術 2016/2013/2010/2007 適用

速效!ポケットマニュアル 編集部 著.許淑嘉 譯

臺北市:旗標, 2017.1　面;公分

ISBN 978-986-312-387-3 (平裝)

1. Excel (電腦程式)

312.49E9　　　　　　　　　　105019191

作　　者╱速效!ポケットマニュアル編集部

翻譯著作人╱旗標科技股份有限公司

發 行 所╱旗標科技股份有限公司

　　　　　台北市杭州南路一段 15-1 號 19 樓

電　　話╱(02)2396-3257(代表號)

傳　　真╱(02)2321-2545

劃撥帳號╱1332727-9

帳　　戶╱旗標科技股份有限公司

監　　督╱楊中雄

執行企劃╱林佳怡

執行編輯╱林佳怡

美術編輯╱陳慧如 • 林美麗 • 薛詩盈

封面設計╱古鴻杰

校　　對╱林佳怡

新台幣售價:299 元

西元 2022 年 7 月　初版 7 刷

行政院新聞局核准登記 - 局版台業字第 4512 號

ISBN　978-986-312-387-3

版權所有 • 翻印必究

本書的使用方法

◎ 1 個主題以 1～2 頁的篇幅，針對大家容易遇到的問題做解說。

◎ 光看單元名稱就能了解功能的實用性。

◎ 清楚的圖文說明，跟著步驟操作即可順利完成。

◎ 特闢『進階技巧』及『解決問題』專欄，補充相關知識及解決實務上遇到的問題。

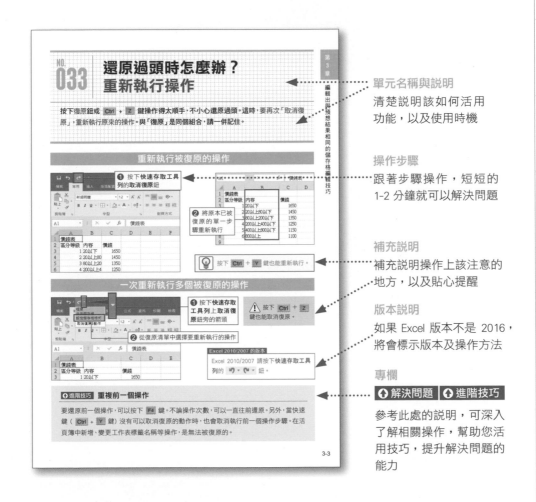

單元名稱與說明
清楚說明該如何活用功能，以及使用時機

操作步驟
跟著步驟操作，短短的 1-2 分鐘就可以解決問題

補充說明
補充說明操作上該注意的地方，以及貼心提醒

版本說明
如果 Excel 版本不是 2016，將會標示版本及操作方法

專欄
參考此處的說明，可深入了解相關操作，幫助您活用技巧，提升解決問題的能力

範例檔案

本書的範例檔案,請透過網頁瀏覽器(如:Firefox、Chrome、…等)連到以下網址,將檔案下載到你的電腦中,以便跟著書上的說明進行操作。

範例檔案下載連結:

https://www.flag.com.tw/DL.asp?FS025

(輸入下載連結時,請注意大小寫必須相同)

將檔案下載到你的電腦後,只要解開壓縮檔案就可以使用了!

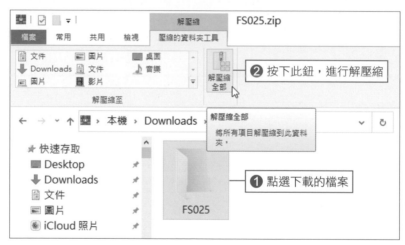

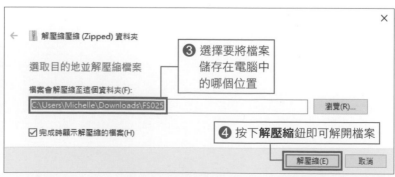

　　各章的範例檔案分別存放在「範例檔案」及「結果檔案」資料夾中，「範例檔案」裡收錄的是該單元尚未開始操作的原始資料，而該單元執行過的操作其完成結果則存放在「結果檔案」資料夾中。

　　⚠ 請注意，有部份單元在介紹 Excel 的操作環境以及選項設定方法，所以不會附上「範例檔案」。您會發現「單元編號」有不連續的情形，這並不是檔案有缺漏或是光碟有問題。

　　此外，有些單元在介紹 Excel 的功能面操作或是設定方法，例如：列印技巧、並排 Excel 視窗、…等，由於 Excel 並不會將設定值儲存下來，所以有部份單元無法提供「完成檔案」。

目錄

第 3 章　編輯出與預想結果相同 的儲存格編輯技巧

第 4 章　透過格式設定技巧提升文件的專業度

第 5 章　瞬間完成麻煩計算的公式技巧

第 8 章 有助於資料整理的便利技巧

第 9 章 製作商業文件的進階技巧

第 **1** 章

活頁簿與工作表
操作自如的基本技巧

在商業場合中，面對主管或客戶等，需要使用 Excel 文件往來時，活頁簿 (檔案) 或工作表的管理就變得非常重要。為了要確實將必要的資訊傳達，請記得活頁簿或工作表的基本操作，以及隱藏或防止資料被修改的操作方法。

使用 Excel 前先了解操作畫面、「活頁簿」、「工作表」

想要輕鬆活用 Excel，首先先了解 Excel 基本畫面的構成吧！(這裡將以 Excel 2016 的畫面來解說)。另外，也請一定要搞懂「活頁簿」與「工作表」的關係。

認識 Excel 的基本畫面

快速存取工具列
可以登錄經常使用的功能按鈕

標題列
顯示文件的檔案名稱

功能區
可以選擇要在 Excel 中執行的操作

「檔案」頁次
可以執行儲存檔案、列印、設定的特別頁次

頁次
各頁次依照操作目的的不同做歸類

工作表
在這裡製作表格或圖表

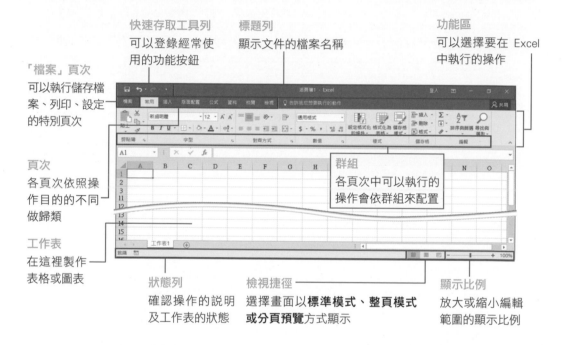

群組
各頁次中可以執行的操作會依群組來配置

狀態列
確認操作的說明及工作表的狀態

檢視捷徑
選擇畫面以**標準模式、整頁模式或分頁預覽**方式顯示

顯示比例
放大或縮小編輯範圍的顯示比例

何謂活頁簿與工作表的關係

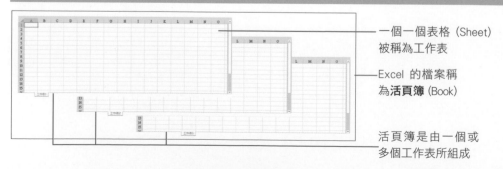

一個一個表格 (Sheet) 被稱為**工作表**

Excel 的檔案稱為**活頁簿** (Book)

活頁簿是由一個或多個工作表所組成

NO. 002

認識儲存格的構造是資料輸入的第一步

Excel 是在「儲存格」(方格) 中輸入資料後進行資料的管理。先了解儲存格的構造，是活用 Excel 的第一步。另外，請特別注意不要將「欄」、「列」關係搞錯了。

認識儲存格的構造

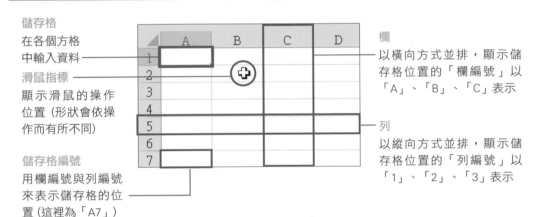

儲存格
在各個方格中輸入資料

滑鼠指標
顯示滑鼠的操作位置 (形狀會依操作而有所不同)

儲存格編號
用欄編號與列編號來表示儲存格的位置 (這裡為「A7」)

欄
以橫向方式並排，顯示儲存格位置的「欄編號」以「A」、「B」、「C」表示

列
以縱向方式並排，顯示儲存格位置的「列編號」以「1」、「2」、「3」表示

作用儲存格與資料輸入

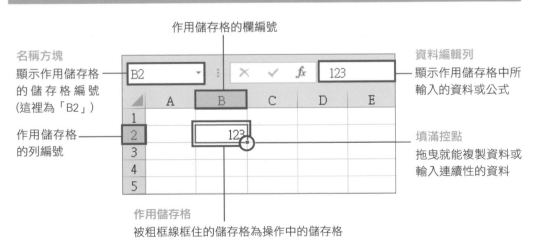

作用儲存格的欄編號

名稱方塊
顯示作用儲存格的儲存格編號 (這裡為「B2」)

作用儲存格的列編號

資料編輯列
顯示作用儲存格中所輸入的資料或公式

填滿控點
拖曳就能複製資料或輸入連續性的資料

作用儲存格
被粗框線框住的儲存格為操作中的儲存格

客戶寄送舊版本的 Excel 檔案怎麼處理？

Excel 2003 以前所建立的活頁簿，其檔案格式為 xls。在其他版本的 Excel 也可以開啟，且資料編輯後，可以將檔案轉換成 2016/2013/2010/2007 的 xlsx 格式。

重新儲存 Excel 2003 以前的活頁簿檔案

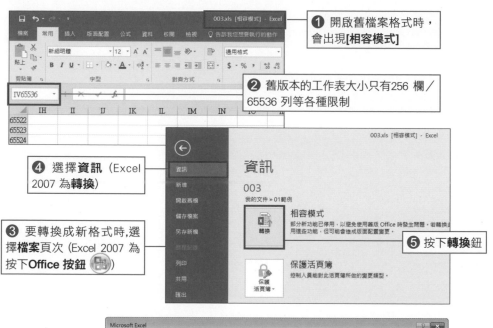

❶ 開啟舊檔案格式時，會出現[相容模式]

❷ 舊版本的工作表大小只有256 欄／65536 列等各種限制

❹ 選擇**資訊**（Excel 2007 為**轉換**）

❸ 要轉換成新格式時,選擇**檔案**頁次（Excel 2007 為按下**Office 按鈕** ）

❺ 按下**轉換**鈕

❻ 按下**確定**鈕

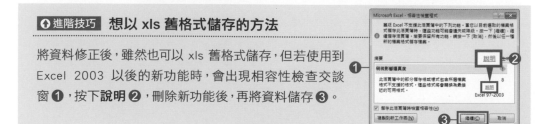

⊕ 進階技巧 想以 xls 舊格式儲存的方法

將資料修正後，雖然也可以 xls 舊格式儲存，但若使用到 Excel 2003 以後的新功能時，會出現相容性檢查交談窗❶，按下**說明**❷，刪除新功能後，再將資料儲存❸。

NO. 004 修改工作表標籤名稱及色彩

傳送給主管或客戶的 Excel 檔案，想要讓他們能快速看到想要傳達的資訊時，可以將工作表標籤名稱修改成與內容相關的文字，而不要以「工作表1」顯示。有需要時，也可以變更標籤名稱的色彩。

將工作表標籤變更成易懂的名稱

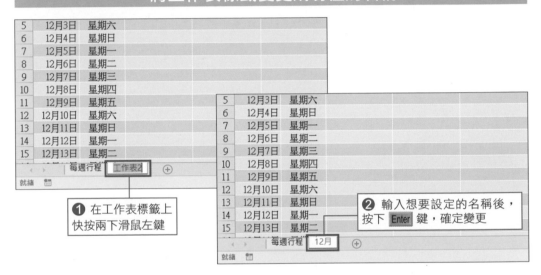

❶ 在工作表標籤上快按兩下滑鼠左鍵

❷ 輸入想要設定的名稱後，按下 Enter 鍵，確定變更

將工作表標籤加上喜歡的色彩

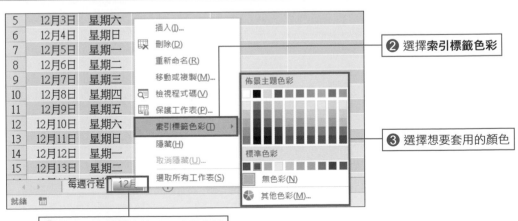

❷ 選擇索引標籤色彩

❸ 選擇想要套用的顏色

❶ 在工作表標籤上按一下滑鼠右鍵

NO. 005

同時在多個工作表中輸入資料，以提高效率的技巧！

想要在多個工作表的相同儲存格中輸入資料，這時，可以利用「工作群組」來編輯。這個方法很簡單，只要按住 Ctrl 鍵或 Shift 鍵的同時，選擇多個工作表標籤即可。

選取多個工作表，開啟「工作群組模式」

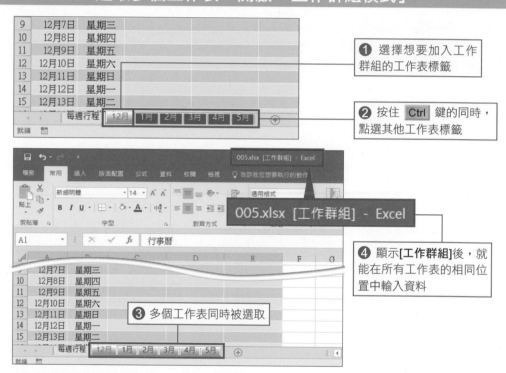

❶ 選擇想要加入工作群組的工作表標籤

❷ 按住 Ctrl 鍵的同時，點選其他工作表標籤

005.xlsx [工作群組] - Excel

❹ 顯示[工作群組]後，就能在所有工作表的相同位置中輸入資料

❸ 多個工作表同時被選取

如何解除「工作群組模式」？

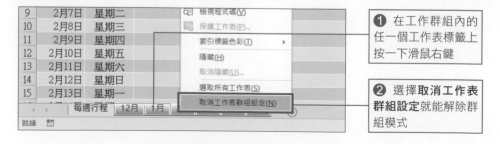

❶ 在工作群組內的任一個工作表標籤上按一下滑鼠右鍵

❷ 選擇取消工作表群組設定就能解除群組模式

NO. 006 隱藏用不到的工作表，讓編輯工作更加順暢

在 Excel 中編輯資料，會遇到工作表不斷增加的情況。如果之後才會用到的工作表，不想妨礙到編輯工作時，建議先將這些工作表隱藏。之後要取消隱藏的操作也很簡單。

暫時隱藏工作表的方法

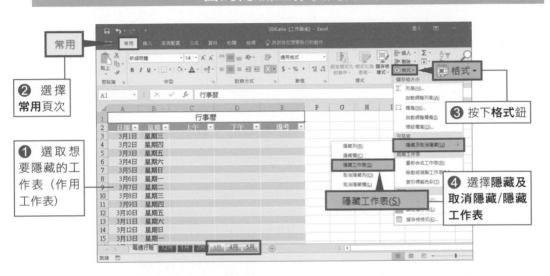

❷ 選擇**常用**頁次

❸ 按下**格式**鈕

❶ 選取想要隱藏的工作表（作用工作表）

隱藏工作表(S)

❹ 選擇**隱藏及取消隱藏/隱藏工作表**

將隱藏的工作表再次顯示的方法

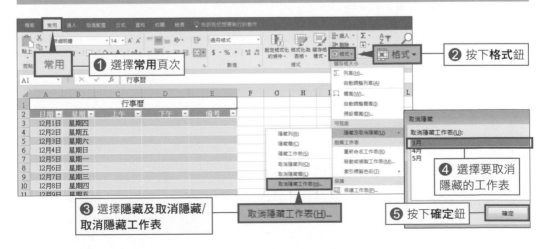

❶ 選擇**常用**頁次

❷ 按下**格式**鈕

❹ 選擇要取消隱藏的工作表

❸ 選擇**隱藏及取消隱藏/取消隱藏工作表**

取消隱藏工作表(H)…

❺ 按下**確定**鈕

為了避免公式或資料被亂改，將儲存格保護起來！

終於製作好複雜公式的資料，想要避免資料被亂改的情況。這時，先解除所有儲存格的鎖定狀態，然後再鎖定任意儲存格。接著參考下一頁保護工作表的介紹。

解除所有儲存格的鎖定

❷ 選擇**常用**頁次

❶ 按下**全選**鈕

❸ 按下**格式**鈕

❹ 選擇**鎖定儲存格**

鎖定儲存格(L)

鎖定指定儲存格的方法

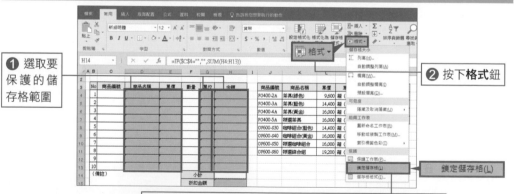

❶ 選取要保護的儲存格範圍

❷ 按下**格式**鈕

鎖定儲存格(L)

❸ 點選**鎖定儲存格**，接著再參考下一頁的說明保護工作表

⟲ 進階技巧 **一開始解除所有鎖定儲存格的理由**

基本上，Excel 在預設的情況，所有的儲存格是被鎖定的。因此，這裡要先將所有儲存格解除鎖定，然後再指定想要鎖定的儲存格。另外，在所有儲存格被鎖定的情況下，選擇任意的儲存格，然後再選擇**鎖定儲存格**的話，反而可以允許儲存格內容被變更。

NO. 008
保護工作表防止資料被任意變更

上一頁介紹鎖定儲存格的方法，這裡要接著介紹**保護工作表**的操作方法，讓儲存格內容無法被修改。另外，在保護工作表交談窗中，可以設定取消保護工作表的密碼。

 依照需求可以在**保護工作表**交談窗中，設定要取消保護工作表的密碼。

❻ 可輸入資料的儲存格

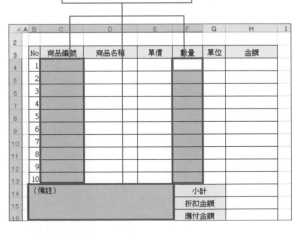

⚠️ 查看功能區可以發現，幾乎所有的功能按鈕會被鎖住。只有解除鎖定的儲存格才能輸入資料。

NO. 009 不讓其他人看見隱藏的工作表

到這裡為止，介紹了保護工作表的技巧，除了工作表外，也可以保護活頁簿。設定後，被隱藏的工作表（請參考 1-7 頁）將無法顯示、工作表的順序也無法調換。

❶ 選擇校閱頁次　　❷ 按下保護活頁簿鈕

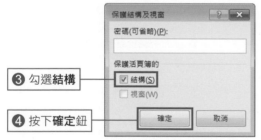

❸ 勾選結構

❹ 按下確定鈕

可依照需求設定密碼。

⚠ 想要解除活頁簿的保護時，只要再次按下保護活頁簿鈕。

❺ 活頁簿被保護後，工作表標籤就無法被拖曳

				GF600-S40	咖啡組合(黃金)	16,000
9	6			GF600-S50	特選咖啡組合	16,000
10	7			GF600-S60	特選綜合組	19,200
11	8					
12	9					

報價單・工作表・工作表2

❻ 即使在工作表標籤上按下滑鼠右鍵，選單中可選擇的項目也會被限制

插入(I)...		FG400-2A	茶具(綠色)	9,600
刪除(D)		FG400-3A	茶具(藍色)	14,400
重新命名(R)		FG400-4A	茶具(黃金)	16,000
移動或複製(M)...		FG400-5A	特選茶具	16,000
檢視程式碼(V)		GF600-S30	咖啡組合(藍色)	14,400
取消保護工作表(P)...		GF600-S40	咖啡組合(黃金)	16,000
索引標籤色彩(T)		GF600-S50	特選咖啡組合	16,000
隱藏(H)		GF600-S60	特選綜合組	19,200
取消隱藏(U)...				
選取所有工作表(S)				

報價單　工作表　工作表2

NO. 010

想讓多人
同時編輯同一份活頁簿

儲存在雲端的 Excel 檔案，當有人在編輯時，其他人就只能瀏覽 (以唯讀方式開啟)。
套用共用活頁簿功能後，就能讓多個人同時編輯。

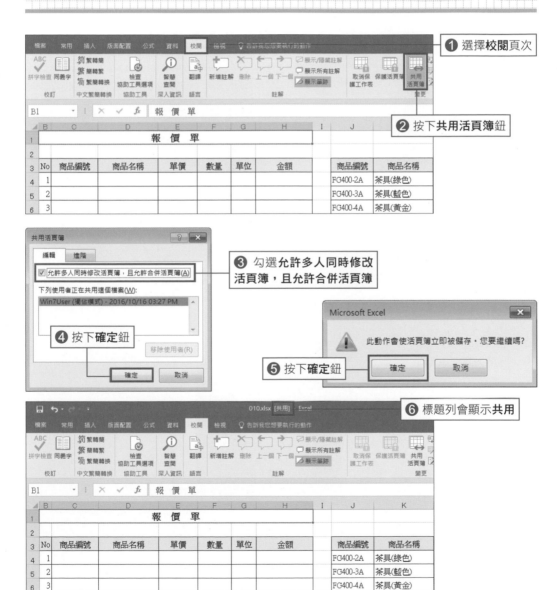

❶ 選擇**校閱**頁次

❷ 按下**共用活頁簿**鈕

❸ 勾選**允許多人同時修改
活頁簿，且允許合併活頁簿**

❹ 按下**確定**鈕

❺ 按下**確定**鈕

此動作會使活頁簿立即被儲存。您要繼續嗎？

❻ 標題列會顯示**共用**

將開啟的活頁簿暫時隱藏，切換視窗時比較不干擾

在編輯資料時，常常會需要參照多個工作表，在工作表間切換時，有時會搞不清楚切換到哪一個。每次將檔案開啟或關閉，也非常沒有效率。這裡將介紹暫時隱藏活頁簿的方法。

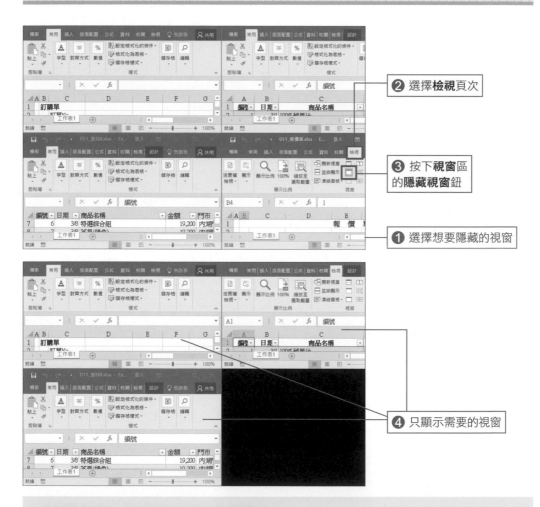

❷ 選擇**檢視**頁次

❸ 按下**視窗**區的隱藏視窗鈕

❶ 選擇想要隱藏的視窗

❹ 只顯示需要的視窗

⬆ 解決問題 如何讓隱藏的視窗再顯示？

被隱藏的視窗想要再次顯示時，要按下**檢視**頁次**視窗**區中的**取消隱藏視窗**。開啟**取消隱藏**交談窗後，選擇想要顯示的活頁簿名稱，然後按下**確定**鈕，就能讓視窗再顯示。

NO. 012 編輯完成的活頁簿，在發送前先檢查文件檔案

正式的文件要以 Excel 檔案方式提出時，會想要將不必要的資訊刪除。執行『檢查文件』功能的話，即可確認是否有包含變更記錄、註解、私人資訊等。

❶ 切換到**檔案**頁次（Excel 2007 為按下 **Office按鈕** ）

❷ 選擇**資訊**（Excel 2007 為**準備**）

❸ 按下**查看是否問題**鈕（Excel 2007 無此步驟）

❹ 選擇**檢查文件**

❺ 確認檢查項目

❻ 按下**檢查**鈕

❼ 有問題的項目會以 ! 顯示

❽ 要刪除資訊時，按下**全部移除**鈕

❾ 按下**關閉**鈕

NO. 013 將活頁簿顯示為完稿

已經完成編輯的活頁簿，透過完稿功能，可以讓檔案以唯讀方式開啟。但若按下繼續編輯鈕的話，還是可以進行編輯，因此此功能僅為通知完稿的作用。

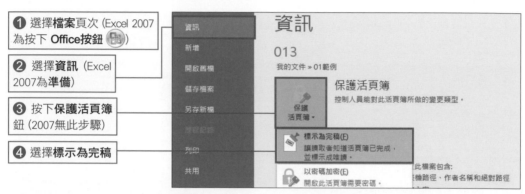

❶ 選擇**檔案**頁次 (Excel 2007 為按下 **Office按鈕**)

❷ 選擇**資訊**（Excel 2007為**準備**）

❸ 按下**保護活頁簿**鈕 (2007無此步驟)

❹ 選擇**標示為完稿**

資訊

013

我的文件 » 01範例

保護活頁簿
控制人員能對此活頁簿所做的變更類型。

標示為完稿(F)
讓讀取者知道活頁簿已完成，並標示成唯讀。

以密碼加密(E)
開啟此活頁簿需要密碼

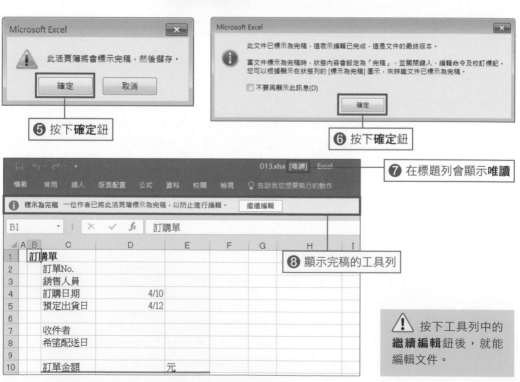

Microsoft Excel

此活頁簿將會標示完稿，然後儲存。

確定　　取消

❺ 按下**確定**鈕

Microsoft Excel

此文件已標示為完稿，這表示編輯已完成，還是文件的最終版本。

當文件標示為完稿時，狀態內容會設定為「完稿」，並關閉鍵入、編輯命令及校訂標記。您可以根據顯示在狀態列的 [標示為完稿] 圖示，來辨識文件已標示為完稿。

☐ 不要再顯示此訊息(D)

確定

❻ 按下**確定**鈕

013.xlsx [唯讀] Excel

檔案　常用　插入　版面配置　公式　資料　校閱　檢視　♀ 告訴我您想要執行的動作

ⓘ 標示為完稿　一位作者已將此活頁簿標示為完稿，以防止進行編輯。　繼續編輯

B1 　　ⓘ ✕ ✓ fx 訂購單

	A	B	C	D	E	F	G	H	I
1		訂購單							
2			訂單No.						
3			銷售人員						
4			訂購日期	4/10					
5			預定出貨日	4/12					
6									
7			收件者						
8			希望配送日						
9									
10			訂單金額		元				

❼ 在標題列會顯示**唯讀**

❽ 顯示完稿的工具列

⚠ 按下工具列中的**繼續編輯**鈕後，就能編輯文件。

NO. 014 設定密碼防止活頁簿被竄改

製作好的活頁簿內容,想要防止收件者自由修改,例如:報價單、請款單等。這裡將介紹設定密碼的方法,讓文件無法編輯的技巧。

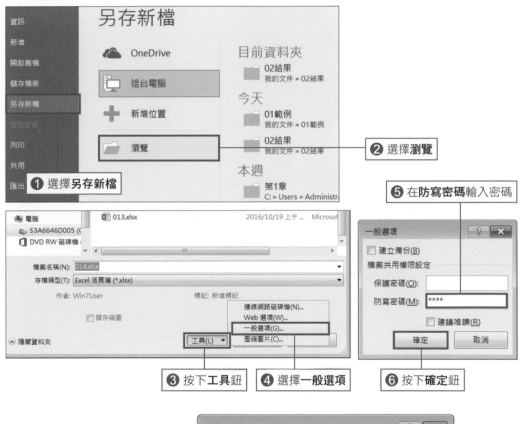

❶ 選擇**另存新檔**

❷ 選擇**瀏覽**

❸ 按下**工具**鈕

❹ 選擇**一般選項**

❺ 在**防寫密碼**輸入密碼

❻ 按下**確定**鈕

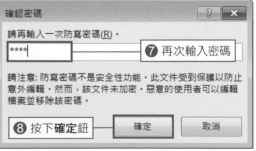

❼ 再次輸入密碼

請注意:防寫密碼不是安全性功能。此文件受到保護以防止意外編輯。然而,該文件未加密。惡意的使用者可以編輯檔案並移除該密碼。

❽ 按下**確定**鈕

 設定完成後,開啟活頁簿時,會出現要求輸入密碼的交談窗。

事先輸入活頁簿資訊
讓檔案管理更簡單

在 Excel 的活頁簿中,「作者」、「標題」、「關鍵字」、「類別」、「註解」等資訊可以自行增加。利用此功能,即使沒有開啟檔案,也能確認內容。

① 選擇**檔案**頁次 (Excel 2007 為按下 **Office 按鈕**)

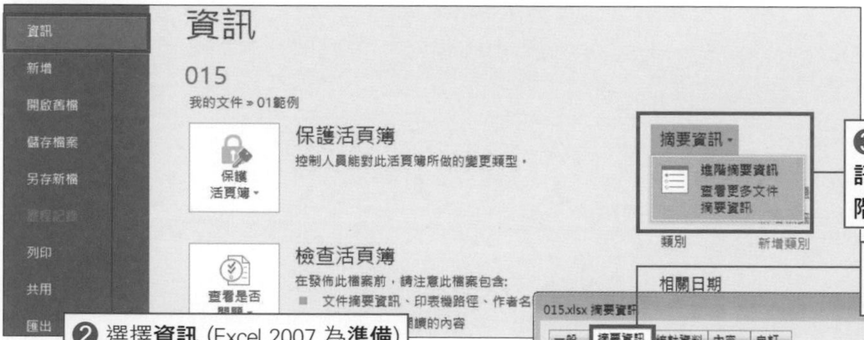

資訊

資訊

新增

開啟舊檔

儲存檔案

另存新檔

015

我的文件 » 01範例

保護活頁簿

控制人員能對此活頁簿所做的變更類型。

保護
活頁簿▾

摘要資訊▾

進階摘要資訊
蒐整更多文件
摘要資訊

類別　　　新增類別

③ 按下**摘要資訊**鈕後,選擇**進階摘要資訊**

列印

共用

匯出

檢查活頁簿

查看是否
問題。

在發佈此檔案前,請注意此檔案包含:
　■ 文件摘要資訊、印表機路徑、作者名
　　簿的內容

相關日期

④ 選擇**摘要資訊**頁次

② 選擇**資訊** (Excel 2007 為**準備**)

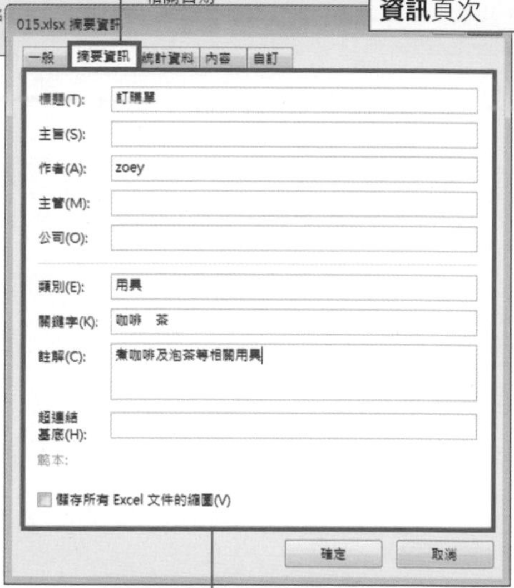

015.xlsx 摘要資訊

一般　摘要資訊　統計資料　內容　自訂

標題(T):　訂購單

主旨(S):

作者(A):　zoey

主管(M):

公司(O):

類別(E):　用具

關鍵字(K):　咖啡 茶

註解(C):　集咖啡及泡茶等相關用具

超連結
基底(H):

範本:

☐ 儲存所有 Excel 文件的縮圖(V)

確定　　取消

媒體櫃 ▸ 文件 ▸ 02結果

組合管理▾　開啟　共用對象▾　列印　電子郵件　燒錄

☆ 我的最愛
　下載
　最近的位置
　桌面
　Dropbox
　Google 雲端硬碟
　OneDrive

媒體櫃
　文件
　音樂
　視訊
　圖片

家用群組

電腦
　S3A6646D005 (C:)
　DVD RW 磁碟機 (D:

網路

文件 媒體櫃
02結果

0E77D000
003.xlsx
004.xlsx
006.xlsx
007.xlsx
008.xlsx
009.xlsx
010.xlsx
012.xlsx
013.xlsx
014.xlsx
015.xlsx

類型: Microsoft Excel 工作表
作者: zoey
標題: 訂購單
集咖啡及泡茶等相關用具
大小: 12.8 KB
修改日期: 2016/10/19 上午 12:38

⑤ 輸入必要事項後儲存

⑥ 將滑鼠指標移動到檔案圖示上方後,會顯示輸入的資訊

015.xlsx　　　　標題: 訂購單　　　　大小: 12.8
Microsoft Excel 工作表　作者: zoey　　　修改日期: 201

第 **2** 章

輕鬆又快速的
資料輸入技巧

要整理大量資料，用 Excel 來處理最能達到事半功倍的效果，
只要事先掌握資料輸入的重點，就能讓變編輯工作更有效率。
相信你一定在輸入資料時遇過這樣的狀況，想要輸入「1-2」
這類資料，但卻會自動轉換成日期，實在很困擾！本章將教你
多種輸入資料的好用技巧！

NO. 016 掌握輸入、刪除文字 的基本操作

相信大部份的使用者都知道，在 Excel 中輸入數字、公式、函數時，要用半形英、數字輸入，這樣在進行計算時才不會出錯，請一定要記住此基本操作。

輸入半形的英文、數字

選取儲存格後，直接輸入英文或數字，按下 Enter 鍵確定輸入

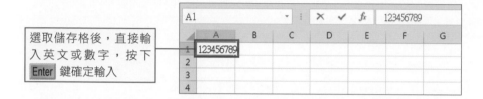

輸入中文

❶ 將輸入法切換成中文輸入法

❷ 輸入字串後，按下 Enter 鍵確定輸入

將輸入的資料刪除

❶ 選取已輸入資料的儲存格

❷ 按下 Delete 鍵後，即可刪除

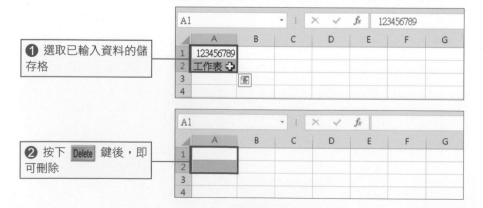

NO. 017
想要修改已輸入的資料！
請記住這 3 個便捷的方法

輸入資料後，想要進行修改，有多種操作方法。包括在儲存格上快按兩下滑鼠左鍵、按下 F2 鍵、在『資料編輯列』上修改等 3 種方法，記住這些方法能讓操作更順手。

在儲存格上快按兩下滑鼠左鍵

❶ 在儲存格上快按兩下滑鼠左鍵後，會顯示輸入游標

❷ 修改文字後，按下 Enter 鍵

在『資料編輯列』上修改

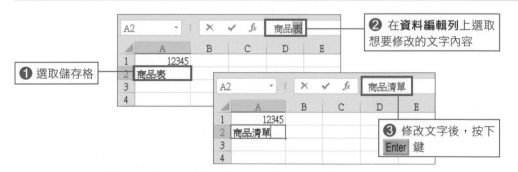

❶ 選取儲存格

❷ 在資料編輯列上選取想要修改的文字內容

❸ 修改文字後，按下 Enter 鍵

按下 F2 鍵

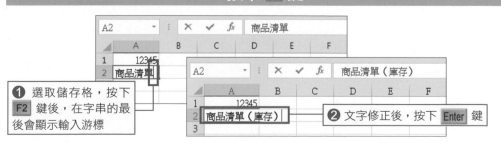

❶ 選取儲存格，按下 F2 鍵後，在字串的最後會顯示輸入游標

❷ 文字修正後，按下 Enter 鍵

NO. 018 善用符號，讓資料的傳達更易懂

若是覺得編輯資料時，用文字表達不夠直覺，可透過符號來輔助。透過符號能讓人一眼就看出所要表達的內容。因此，有時會比文字更有傳達效果。本單元將介紹輸入符號的方法。

❷ 切換到**插入**頁次

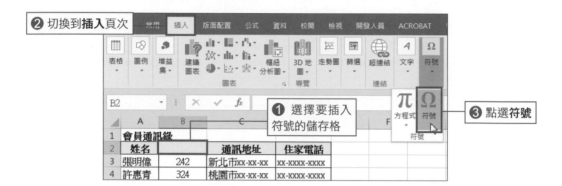

❶ 選擇要插入符號的儲存格

❸ 點選**符號**

❺ 點選想要插入的符號

❹ 先在左側的列示窗挑選字型，再從右側的**子集合**選擇符號類型

若沒有顯示**子集合**選單時，可以將**字型**選單中的選項變更成**新細明體**等其他字型。

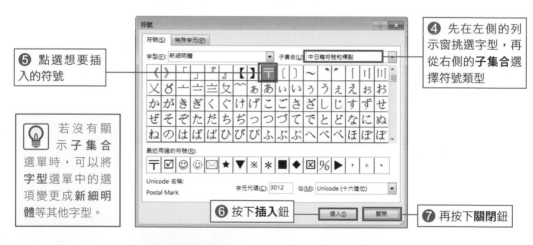

❻ 按下**插入**鈕

❼ 再按下**關閉**鈕

❽ 插入符號後，按下 Enter 鍵確定輸入

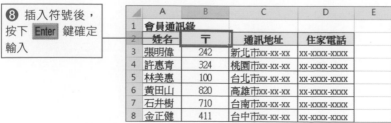

NO. 019

無法輸入「001」這種以 0 為開頭的三位數字？

通常在儲存格中輸入「001」後，只會顯示「1」。想要以 0 為開頭，並顯示 3 位數字時，要先輸入「'」（單引號），讓數值以文字格式顯示。若想要以數值方式顯示 3 位數的數值時，請參考下方『進階技巧』的介紹。

❶ 先輸入「'」後面接著輸入「001」，再按下 Enter 鍵

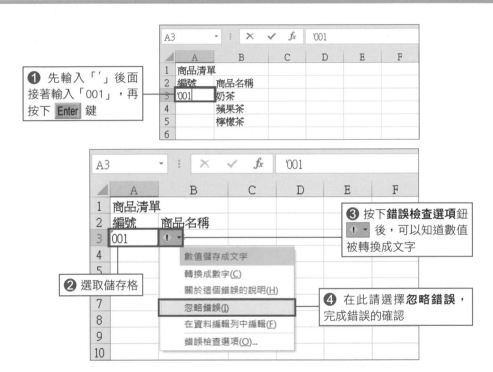

❸ 按下**錯誤檢查選項**鈕 ❗▼ 後，可以知道數值被轉換成文字

❷ 選取儲存格

❹ 在此請選擇**忽略錯誤**，完成錯誤的確認

⊕進階技巧　以數值格式顯示「001」

想要將「001」以數值格式示時，選擇輸入「1」的儲存格，然後按下**常用**頁次**數值**區的 ▫ 鈕。在**數值**頁次 ❶ 中選擇**自訂** ❷，然後在**類型**欄輸入「000」❸，接著按下**確定**鈕 ❹。

NO. 020 如何輸入「4月1日」這種日期格式？

在編輯資料時，經常需要輸入日期，利用簡單的輸入方法，就能輸入「○月○日」的日期格式。例如：輸入「4/1」或「4-1」後，就會顯示「4 月 1 日」，另外，也能顯示對應的西元日期。

① 輸入「4/1」後，按下 Enter 鍵

② 以「4 月 1 日」方式顯示

③ 查看**資料編輯列**可看到對應的西元日期

↑ 進階技巧 日期的「序列值」

雖然輸入日期後，會自動以「○月○日」格式顯示，但其實 Excel 中的日期是以序列值的數值在處理。1900 年 1 月 1 日的序列值為「1」，每過一天序列值就會加「1」。

NO. 021

如何輸入「1/2」的分數資料？

想要在儲存格中顯示「1/2」這類的分數資料，但直接輸入後，資料會被轉換成「1 月 2 日」的日期格式。這時，只要在「0」的後面輸入半形的空白後，再輸入「1/2」即可。

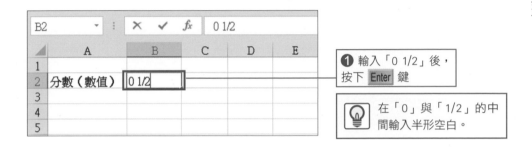

❶ 輸入「0 1/2」後，按下 Enter 鍵

在「0」與「1/2」的中間輸入半形空白。

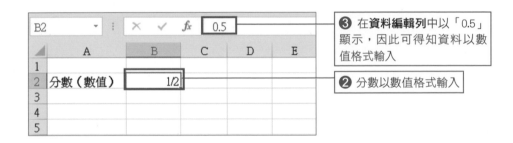

❸ 在**資料編輯列**中以「0.5」顯示，因此可得知資料以數值格式輸入

❷ 分數以數值格式輸入

⬆進階技巧　**如何將分數以文字格式輸入**

分數也能以文字格式的方式輸入。輸入時，只要先在分數前輸入「'」（單引號），以「'1/2」方式輸入。

⬆進階技巧　**變更輸入後的資料顯示格式**

可以先輸入數值後，再將數值以分數格式顯示。輸入「0.5」後，按下**常用**頁次**數值**區中**數值格式**列示窗右邊的 ▾ 鈕，從選單中選擇**分數**，完成後，數值就會以「1/2」方式顯示。

NO. 022 | 如何輸入「1-2」、「'」、「(1)」、「/」?

在儲存格中輸入半形的「1-2」、「'」、「(1)」、「/」後，通常資料無法依照想要的方式顯示。相信您一定常常遇到這樣的問題。基本上，想要顯示這樣的字串時，只要在字串的最前面輸入「'」。

❶ 在「'」後面接著輸入「1-2」，資料就會依照輸入方式顯示，不會轉換成日期資料

❷ 只要連續輸入 2 次「'」，資料就會由「"」顯示成「'」

❸ 輸入「'(1)」後，資料會顯示「(1)」，而非「-1」

❺ 會開啟頁次以英文字母顯示的選單鍵功能

❹ 直接在儲存格輸入「/」後，在儲存格中不會輸入任何資料

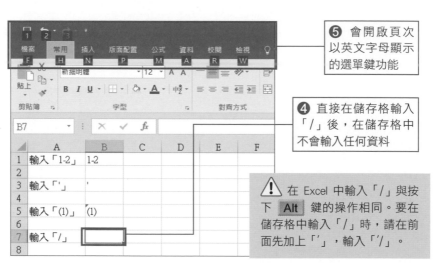

⚠ 在 Excel 中輸入「/」與按下 **Alt** 鍵的操作相同。要在儲存格中輸入「/」時，請在前面先加上「'」，輸入「'/」。

⊕ 進階技巧 **將格式設成文字後，就能輸入這些資料**

將儲存格的顯示格式變更成**文字**後，不用在最前面輸入「'」，就能輸入「1-2」等內容。請先選擇要輸入的儲存格，按下**常用**頁次**數值**區中**數值格式**列示窗右側的 ▼ 鈕，從選單中選擇**文字**，完成後，就能在選取的儲存格中直接輸入「1-2」、「(1)」。

NO. 023 輸入「2^8」、「H_2O」上標及下標文字的技巧

在 Excel 中也可以輸入「2^8」的上標文字或「H_2O」的下標文字,不過要用點小技巧來輸入。數值資料無法設定上標、下標文字,因此要在資料的最前面插入「'」,將資料轉換成文字。

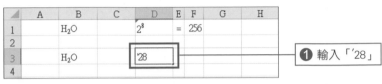

❶ 輸入「'28」

❸ 切換到**常用**頁次

❹ 按下**字型**區中的 鈕

❷ 選取「8」

❺ 勾選**上標**項目

💡 勾選**下標**就能設定如「H_2O」的下標文字。

❻ 按下**確定**鈕

希望輸入 E-Mail 或 URL
不要自動建立超連結

在編輯通訊錄時，輸入 E-Mail 或 URL 後，會自動建立超連結。只要點選，就會自動開
啟 E-Mail 軟體或網頁，不過應該也會有使用者希望解除此功能吧！

	A	B	C	D	E	F
1	會員通訊錄					
2	姓名	郵遞區號	通訊地址	住家電話	E-mail	
3	張明偉	242	新北市xx-xx-xx	xx-xxxx-xxxx	well@yahoo.com.tw	
4	許惠青	324	桃園市xx-xx-xx	xx-xxxx-xxxx		
5	林美惠	100	台北市xx-xx-xx			
			高雄市xx-xx-xx			
			台南市xx-xx-xx			
			台中市xx-xx-xx			
9	張晴正	220	新北市xx-xx-xx	xx-xxxx-xxxx		

mailto:well@yahoo.com.tw -
按一下以追蹤。
按住以選取此儲存格。

❶ 將滑鼠移動到儲存格上方
後，再將滑鼠往左下角移動

❷ 按下出現的**自動校正選項**鈕

	A	B	C	D	E	F
1	會員通訊錄					
2	姓名	郵遞區號	通訊地址	住家電話	E-mail	
3	張明偉	242	新北市xx-xx-xx	xx-xxxx-xxxx	well@yahoo.com.tw	
4	許惠青	324	桃園市xx-xx-xx	xx-xxxx-xxxx		
5	林美惠	100	台北市xx-xx-xx	xx-xxxx-xxxx	↩ 復原超連結(U)	
6	黃田山	820	高雄市xx-xx-xx	xx-xxxx-xxxx	停止自動建立超連結(S)	
7	石井樹	710	台南市xx-xx-xx	xx-xxxx-xxxx	💬 控制自動校正選項(C)...	
8	金正健	411	台中市xx-xx-xx	xx-xxxx-xxxx		
9	張晴正	220	新北市xx-xx-xx	xx-xxxx-xxxx		

❸ 選擇停止自動建立超連結

⬆進階技巧 從選項變更設定

也可以事先做好變更設定，這樣之後就
不用一個個解除超連結的設定。請開啟
Excel 選項交談窗 (請參照 2-12 頁)，切換
到**校訂**頁次，按下**自動校正選項**鈕。開啟自
動校正交談窗後，切換到**輸入時自動套用
格式**頁次，**❶** 取消勾選**網際網路與網路路
徑超連結**選項 **❷**，按下**確定**鈕**❸**，關閉自
動校正交談窗後，再次按下**確定**鈕。

NO. 025 在多個儲存格中 同時輸入相同資料

在編輯表格資料時，常會遇到要在不同儲存格中輸入相同資料的情況。遇到這種情況，只要按住 `Ctrl` 鍵不放，再選取多個儲存格，然後在輸入文字後，同時按下 `Ctrl` + `Enter` 鍵。

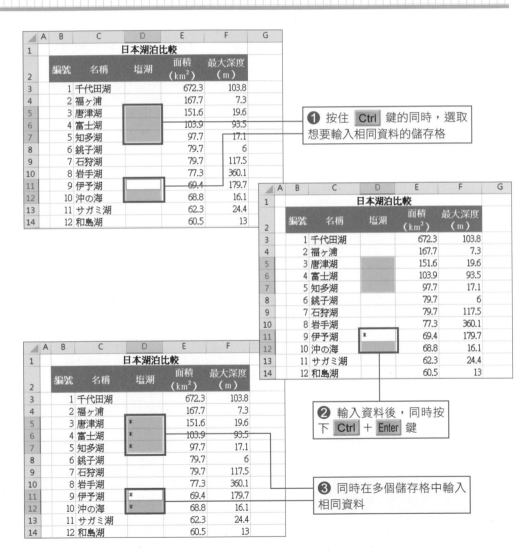

❶ 按住 `Ctrl` 鍵的同時，選取想要輸入相同資料的儲存格

❷ 輸入資料後，同時按下 `Ctrl` + `Enter` 鍵

❸ 同時在多個儲存格中輸入相同資料

NO. 026 自動插入小數點 讓數值輸入更快速

要輸入較詳細且資料量大的數值時，覺得輸入小數點太浪費時間的話，可以設定自動插入小數點。編輯完成後，記得將設定還原。

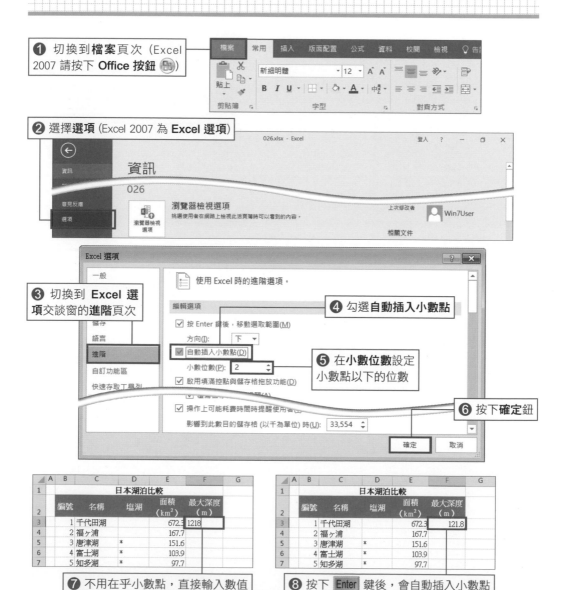

❶ 切換到**檔案**頁次（Excel 2007 請按下 **Office 按鈕** 🔘）

❷ 選擇**選項**（Excel 2007 為 **Excel 選項**）

❸ 切換到 **Excel 選項**交談窗的**進階**頁次

❹ 勾選**自動插入小數點**

❺ 在**小數位數**設定小數點以下的位數

❻ 按下**確定**鈕

❼ 不用在乎小數點，直接輸入數值

❽ 按下 Enter 鍵後，會自動插入小數點

NO. 027
Excel 運用自如的必備技巧！輸入連續資料

選取的儲存格右下角，會顯示填滿控點 ■ 圖示。只要拖曳它，就能輸入連續的資料。
此功能稱為「自動填滿」，請一定要記住這個操作技巧。

輸入基本的連續編號

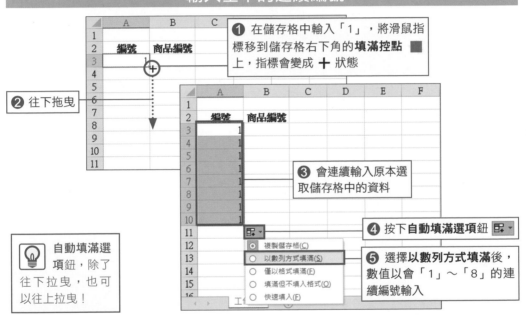

❶ 在儲存格中輸入「1」，將滑鼠指標移到儲存格右下角的**填滿控點** ■ 上，指標會變成 ✚ 狀態

❷ 往下拖曳

❸ 會連續輸入原本選取儲存格中的資料

❹ 按下**自動填滿選項**鈕 ▦▾

❺ 選擇**以數列方式填滿**後，數值以會「1」～「8」的連續編號輸入

自動填滿選項鈕，除了往下拉曳，也可以往上拉曳！

2 個不同數值也可以連續輸入編號

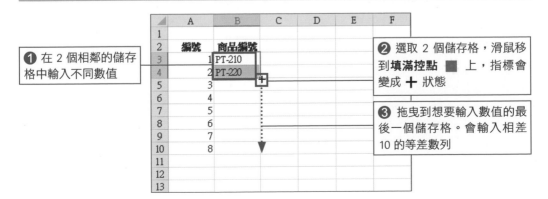

❶ 在 2 個相鄰的儲存格中輸入不同數值

❷ 選取 2 個儲存格，滑鼠移到**填滿控點** ■ 上，指標會變成 ✚ 狀態

❸ 拖曳到想要輸入數值的最後一個儲存格。會輸入相差 10 的等差數列

如何建立自訂的
連續資料清單？

上一頁介紹了自動填滿功能，利用這個技巧，可以輸入日期或天干地支、…等有連續性的資料。另外，若有經常會需要輸入的連續資料，也能自己新增成自訂清單。

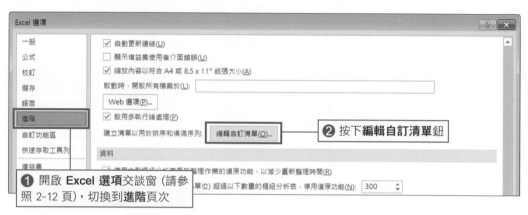

❶ 開啟 **Excel 選項**交談窗（請參照 2-12 頁），切換到**進階**頁次

❷ 按下**編輯自訂清單**鈕

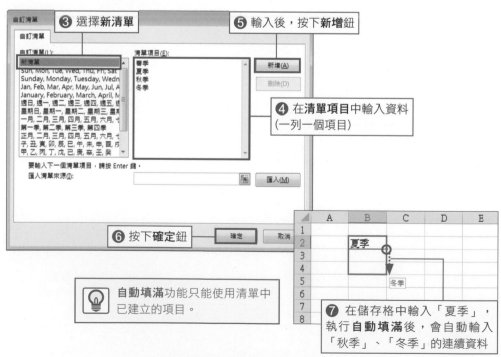

❸ 選擇**新清單**

❺ 輸入後，按下**新增**鈕

❹ 在**清單項目**中輸入資料（一列一個項目）

❻ 按下**確定**鈕

自動填滿功能只能使用清單中已建立的項目。

❼ 在儲存格中輸入「夏季」，執行**自動填滿**後，會自動輸入「秋季」、「冬季」的連續資料

NO. 029

想要快速輸入
已經輸入過的資料！

Excel 中有「自動完成」功能，利用此功能可以顯示之前輸入過的資料，並將資料直接輸入。但顯示的內容只限定在同一欄位的相同資料（同一欄位間有空白儲存格時，也無法顯示）。

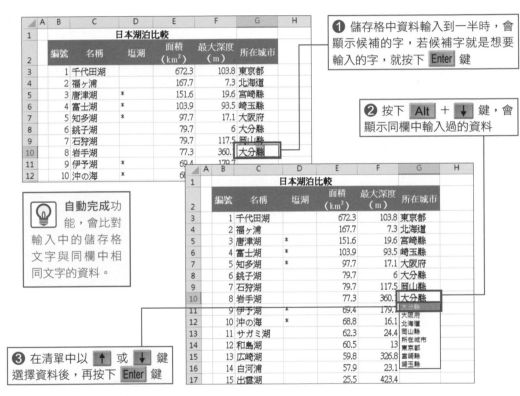

❶ 儲存格中資料輸入到一半時，會顯示候補的字，若候補字就是想要輸入的字，就按下 Enter 鍵

❷ 按下 Alt + ↓ 鍵，會顯示同欄中輸入過的資料

自動完成功能，會比對輸入中的儲存格文字與同欄中相同文字的資料。

❸ 在清單中以 ↑ 或 ↓ 鍵選擇資料後，再按下 Enter 鍵

⬆ 解決問題　關閉「自動完成」功能

若是覺得**自動完成**功能會造成編輯資料的困擾時，可以將此功能關閉。開啟 **Excel 選項**交談窗（請參照 2-12 頁），切換到**進階**頁次 ❶，取消勾選**啟用儲存格值的自動完成功能** ❷，再按下**確定**鈕。

NO. 030 立即輸入與上方或左側儲存格相同的資料

要輸入大量的資料是非常花時間的。想要快速輸入與上方儲存格或左側儲存格相同的資料時，可以利用快速鍵來完成。只要按住 `Ctrl` 鍵的同時，再按下 `D` 或 `R` 鍵。

立即輸入與上方儲存格相同的資料

	A	B	C	D	E 面積（km²）	F 最大深度（m）	G 所在城市	H
1				日本湖泊比較				
2		編號	名稱	塩湖	面積（km²）	最大深度（m）	所在城市	
3		1	千代田湖		672.3	103.8	東京都	
4		2	福ヶ浦		167.7	7.3	北海道	
5		3	唐津湖	*	151.6	19.6	宮崎縣	
6		4	富士湖	*	103.9	93.5	崎玉縣	
7		5	知多湖	*	97.7	17.1	大阪府	
8		6	銚子湖		79.7	6	大分縣	
9		7	石狩湖		79.7	117.5	岡山縣	
10		8	岩手湖		77.3	360.1	大阪府	
11		9	伊予湖	*	69.4	179.7	大阪府	
12		10	沖の海	*	68.8	16.1		
13		11	サガミ湖		62.3	24.4		

❶ 按下 `Ctrl` + `D` 鍵，就會輸入上方儲存格的資料

立即輸入與左邊儲存格相同的資料

	A	B	C	D	E 面積（km²）	F 最大深度（m）	G 所在城市	H 所在城市	I
1				日本湖泊比較					
2		編號	名稱	塩湖	面積（km²）	最大深度（m）	所在城市	所在城市	
3		1	千代田湖		672.3	103.8	東京都		
4		2	福ヶ浦		167.7	7.3	北海道		
5		3	唐津湖	*	151.6	19.6	宮崎縣		
6		4	富士湖	*	103.9	93.5	崎玉縣		
7		5	知多湖	*	97.7	17.1	大阪府		
8		6	銚子湖		79.7	6	大分縣		

❷ 按下 `Ctrl` + `R` 鍵，就會輸入左邊儲存格的資料

⬆ 進階技巧　也能同時選擇多個儲存格

這個快速鍵可以用在同時選取多個儲存格的情況。例如選取儲存格範圍 B23：G23，然後按下 `Ctrl` + `D` 鍵後 ❶，所有選取的儲存格範圍就會輸入與上方相同的資料。

	A	B	C	D	E	F	G
11		9	伊予湖	*	69.4	179.7	高知縣
12		10	沖の海	*	68.8	16.1	福井縣
13		11	サガミ湖		62.3	24.4	福井縣
14		12	和島湖		60.5	13	和歌山縣
15		13	広崎湖		59.8	326.8	沖繩縣
16		14	白河浦		57.9	23.1	千葉縣
17		15	出雲湖		25.5	423.4	鹿兒島縣
18		16	伊江湖		19.6	211.4	島根縣
19		17	久米ヶ浦		11.5	163	北海道
20		18	日高沼		11.1	233	宮崎縣
21		19	秋沼		5	148	北海道
22		20	若狭湖		5.1	121.6	秋田縣
23		20	若狭湖		5.1	121.6	秋田縣
24							

NO. 031

在儲存格輸入資料後，
希望作用儲存格往右邊移動

輸入資料時，通常由上往下的情形較多，但有時欄位的設計是由左往右輸入時，確定
輸入後，將作用儲存格往右移動，在操作上會輕鬆許多。你可以透過設定來變更移動
的方向。

❶ 開啟 Excel 選項交談窗 (請參照 2-12 頁)，切換到進階頁次

❷ 勾選按 Enter 鍵後，移動選取範圍項目

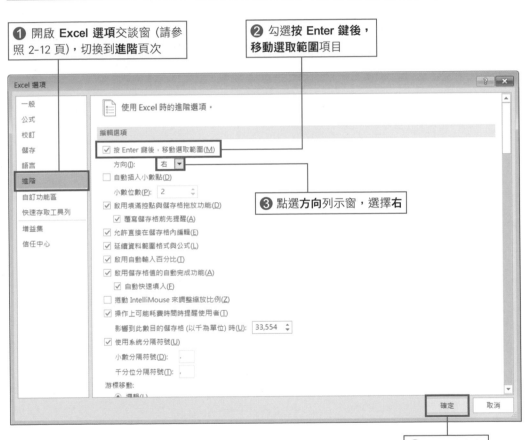

❸ 點選方向列示窗，選擇右

❹ 按下確定鈕

◐進階技巧 **使用鍵盤來移動**

在工作表中可以利用以下介紹的快速鍵來移動。

快速鍵	移動位置
Enter 鍵	下方儲存格（預設）
Tab 鍵	右邊儲存格
Shift + Enter 鍵	上方儲存格
Shift + Tab 鍵	左邊儲存格
Ctrl + → 鍵 （Ctrl + ← 鍵）	右邊（左邊）邊界的儲存格。該方向有資料時，移動到有資料的儲存格。在連續輸入資料的範圍中，移動到這個範圍的右邊（左邊）邊界的儲存格。
Ctrl + ↓ 鍵 （Ctrl + ↑ 鍵）	下方（上方）邊界的儲存格。該方向有資料時，移動到有資料的儲存格。在連續輸入資料的範圍中，移動到這個範圍的下方（上方）邊界的儲存格。
Home 鍵	首欄（A欄）的儲存格
Ctrl + Home 鍵	工作表的第一個儲存格（A1）
Ctrl + End 鍵	資料輸入範圍的右下方儲存格

第 **3** 章

編輯出與預想結果相同的儲存格編輯技巧

說到 Excel 的操作重點，那就一定是「儲存格」。若能在這些方格上自由操作，那就能利用聰明的方法來管理資料。本章將介紹，製作出如預想表格樣式的操作技巧。請記住 Excel 在製作資料時的基本技巧。

NO. 032 還原執行過的操作！

在 Excel 中可以簡單地復原上一個動作，也可以一次還原多項操作步驟。另外，若同時編輯多個活頁簿時，會依照在兩個活頁簿中執行的順序還原，在還原時要特別注意。

復原單一步驟

❶ 按下**快速存取工具列的復原鈕**

❷ 復原到上一個操作步驟（未填入底色）

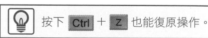
按下 Ctrl + Z 也能復原操作。

一次還原多個步驟

❶ 按下**快速存取工具列**上**復原**鈕旁的箭頭

❷ 會顯示到目前為止所做的操作，從清單中選擇要復原的操作

❸ 復原到選擇的操作步驟為止（未調整欄寬及加框線）

NO. 033 還原過頭時怎麼辦？重新執行操作

按下復原鈕或 `Ctrl` + `Z` 鍵操作得太順手，不小心還原過頭。這時，要再次「取消復原」，重新執行原來的操作。與「復原」是同個組合，請一併記住。

重新執行被復原的操作

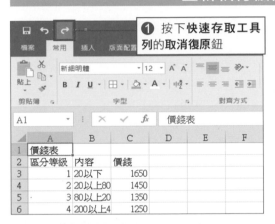

❶ 按下**快速存取工具列**的取消復原鈕

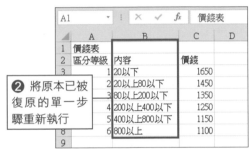

❷ 將原本已被復原的單一步驟重新執行

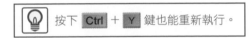

按下 `Ctrl` + `Y` 鍵也能重新執行。

一次重新執行多個被復原的操作

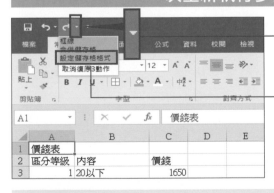

❶ 按下**快速存取工具列**上取消復原鈕旁的箭頭

❷ 從復原清單中選擇要重新執行的操作

➊進階技巧 重複前一個操作

要還原前一個操作，可以按下 `F4` 鍵。不論操作次數，可以一直往前還原。另外，當快速鍵（ `Ctrl` + `Y` 鍵）沒有可以取消復原的動作時，也會取消執行前一個操作步驟。在活頁簿中新增、變更工作表標籤名稱等操作，是無法被復原的。

NO. 034

靈活運用廣大的工作表！
想要選取大範圍的儲存格

想要選取大範圍的儲存格時，可以利用捲動工作表的方式，也可以利用 Shift 鍵，直接指定儲存格編號的方法來選取。另外，選取儲存格的範圍被稱為「儲存格範圍」。

利用 Shift 鍵選取大範圍的儲存格範圍

❶ 點選要選取的儲存格範圍角落的儲存格

❷ 按住 Shift 鍵的同時，點選儲存格範圍對角線的角落儲存格

利用「名稱方塊」選取大範圍的儲存格範圍

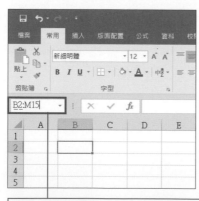

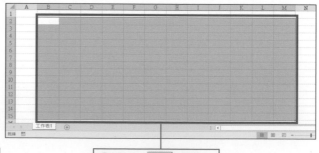

❶ 在**名稱方塊**中輸入儲存格編號，2個儲存格編號中間以「：」做區隔

❷ 按下 Enter 鍵後，指定的範圍就會被選取

NO. 035

以工作表、表格、欄、列為單位快速選取儲存格的方法？

要統一設定多個儲存格時，需要將儲存格以工作表、表格、欄、列為單位選取。遇到這個情況時，可以活用簡單的選取技巧，在編輯上也會輕鬆許多。

選取整個工作表

要選取所有儲存格時，可按下**全選**鈕 ◢

> 若是作用儲存格在表格中時，可以連續按2次 Ctrl + A 鍵，或長時間按住不放皆能選擇整個工作表。

A1　　　　　×　✓　fx　編號

	A	B	C	D	E	F	G	H	I	J
1	編號	日期	商品代號	單價	數量	金額	分店	銷售員		
2	1	2/18	GX-450	4,500	15	67,500	承德	毛雅萍		
3	2	2/1	J-900	9,000	5	45,000	仁愛	呂俊傑		
4	3	2/1	FR-1	1,200	4	4,800	內湖	薛靜怡		
5	4	2/2	FR-20	1,350	12	16,200	仁愛	田宇軒		
6	5	2/2	FR-1	1,200	5	6,000	公館	蕭宜庭		
7	6	2/2	GX-450	4,500	3	13,500	仁愛	蔡俊賢		
8	7	2/2	FR-20	1,350	2	2,700	承德	石靜宜		
9	8	2/17	GX-450	4,500	15	67,500	承德	楊彥廷		
10	9	2/17	GX-550	5,500	6	33,000	承德	毛雅萍		
11	10	2/17	GX-550	5,500	4	22,000	公館	王冠霖		

快速選取整個表格

要選取編輯完成的表格時，先點選表格內的任一個儲存格後，按下 Ctrl + A 鍵

C8　　　　　×　✓　fx　FR-20

	A	B	C	D	E	F	G	H	I	J
1	編號	日期	商品代號	單價	數量	金額	分店	銷售員		
2	1	2/18	GX-450	4,500	15	67,500	承德	毛雅萍		
3	2	2/1	J-900	9,000	5	45,000	仁愛	呂俊傑		
4	3	2/1	FR-1	1,200	4	4,800	內湖	薛靜怡		
5	4	2/2	FR-20	1,350	12	16,200	仁愛	田宇軒		
6	5	2/2	FR-1	1,200	5	6,000	公館	蕭宜庭		
7	6	2/2	GX-450	4,500	3	13,500	仁愛	蔡俊賢		
8	7	2/2	FR-20	1,350	2	2,700	承德	石靜宜		
9	8	2/17	GX-450	4,500	15	67,500	承德	楊彥廷		
10	9	2/17	GX-550	5,500	6	33,000	承德	毛雅萍		
11	10	2/17	GX-550	5,500	4	22,000	公館	王冠霖		

選取整列

點選列編號，即可選擇整列

	A	B	C	D	E	F	G	H	I	J
1	編號	日期	商品代號	單價	數量	金額	分店	銷售員		
2	1	2/18	GX-450	4,500	15	67,500	承德	毛雅萍		
3	2	2/1	J-900	9,000	5	45,000	仁愛	呂俊傑		
4	3	2/1	FR-1	1,200	4	4,800	內湖	薛靜怡		
5	4	2/2	FR-20	1,350	12	16,200	仁愛	田宇軒		
6	5	2/2	FR-1	1,200	5	6,000	公館	蕭宜庭		
7	6	2/2	GX-450	4,500	3	13,500	仁愛	蔡俊賢		
8	7	2/2	FR-20	1,350	2	2,700	承德	石靜宜		
9	8	2/17	GX-450	4,500	15	67,500	承德	楊彥廷		
					6			毛雅萍		

 選擇整欄時，只要在欄編號上按一下滑鼠左鍵。

NO. 036 一次選取含有公式的儲存格

選取儲存格時，可以指定選取條件。例如，同時選取空白儲存格，然後一次輸入文字。
本單元將介紹如何搜尋有輸入公式的儲存格。

① 切換到**常用**頁次後，
按下**尋找與選取**鈕

② 點選**特殊目標**

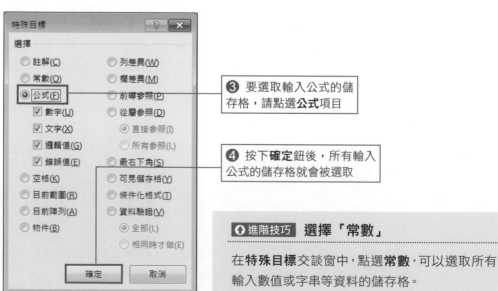

③ 要選取輸入公式的儲
存格，請點選**公式**項目

④ 按下**確定**鈕後，所有輸入
公式的儲存格就會被選取

⬆ **進階技巧** 選擇「常數」

在**特殊目標**交談窗中，點選**常數**，可以選取所有
輸入數值或字串等資料的儲存格。

NO. 037 製作表格的第一步！插入、刪除欄或列的方法

製作表格時，常需要新增欄 (縱向) 或列 (橫向)。這時，可以選擇從功能區的選單中點按相關按鈕**或**在欄編號或列編號上按下滑鼠右鍵。

從功能區插入欄或列

❷ 按下**常用**頁次**插入**鈕右邊的 ▾

❸ 選擇**插入工作表欄**

❶ 選取要插入欄列的儲存格

💡 選擇**插入工作表列**，則可以插入列。

💡 要刪除欄或列時，按下**刪除**鈕右邊的 ▾，然後選擇**刪除工作表列**或**刪除工作表欄**。

❹ 插入的欄位會顯示在選取儲存格的左邊

在欄、列編號按滑鼠右鍵，直接插入、刪除

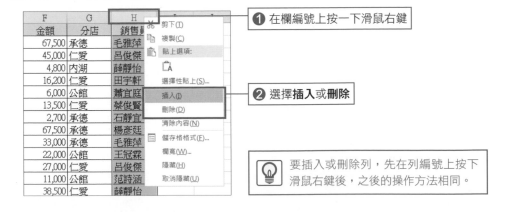

❶ 在欄編號上按一下滑鼠右鍵

❷ 選擇**插入**或**刪除**

💡 要插入或刪除列，先在列編號上按下滑鼠右鍵後，之後的操作方法相同。

NO. 038 插入、刪除表格中的儲存格 要注意移動的方向！

插入或刪除表格中的儲存格，在操作上並非特別困難。只是操作後，周圍的儲存格會跟著移動，因此，在指定移動方向為右或下，左或上時，要特別注意。

插入儲存格

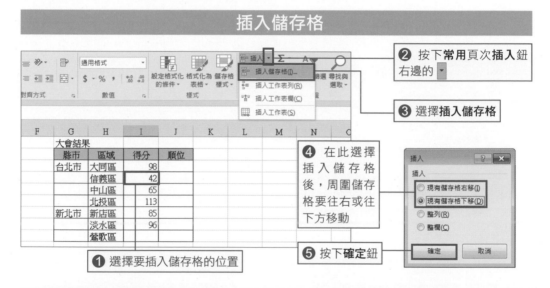

❷ 按下**常用**頁次**插入**鈕右邊的 ·

❸ 選擇**插入儲存格**

❹ 在此選擇插入儲存格後，周圍儲存格要往右或往下方移動

❺ 按下**確定**鈕

❶ 選擇要插入儲存格的位置

刪除儲存格

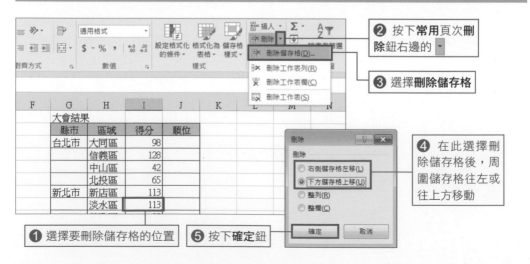

❷ 按下**常用**頁次**刪除**鈕右邊的 ·

❸ 選擇**刪除儲存格**

❹ 在此選擇刪除儲存格後，周圍儲存格往左或往上方移動

❶ 選擇要刪除儲存格的位置

❺ 按下**確定**鈕

NO. 039

將暫時用不到的
欄或列隱藏起來

在編輯表格時，會建立參照用的數值欄或列。這些無法被刪除的資料，若不想讓人看到時，可以將它隱藏 (有 2 種設定方法)。隱藏的欄或列不會被列印出來。

從功能選單的「可見度」隱藏欄或列

① 點選要隱藏欄的儲存格

② 按下**常用**頁次中的**格式**鈕

③ 選擇隱藏及取消隱藏／隱藏欄

💡 若要隱藏列，請選擇隱藏列。

顯示被隱藏的欄或列

① 在欄編號上以拖曳的方式，選取包含隱藏欄的左右兩個欄位

② 按下**常用**頁次中的**格式**鈕

③ 選擇隱藏及取消隱藏／取消隱藏欄

💡 要取消隱藏的列，請選擇取消隱藏列。

從欄編號、列編號隱藏的方法

① 在欄編號上按一下滑鼠右鍵

② 選擇**隱藏**

💡 若要隱藏列，在列編號上按一下滑鼠右鍵後，選擇隱藏。

NO. 040 將欄寬或列高調整成任意的大小！

儲存格的寬度或高度太小時，會有部分文字被遮住無法完整顯示內容。遇到這種情況，可以調整欄寬或列高。調整時，可以選擇以拖曳方式增加寬度或高度或快按兩下滑鼠左鍵自動調整。

加大欄位寬度

❶ 將滑鼠移到欄編號的右邊界

❷ 當指標變成 ↔ 後，往右拖曳

自動調整欄位寬度

❶ 將滑鼠移動到欄編號的右邊界，指標變成 ↔ 後，按兩下滑鼠左鍵

❷ 欄寬會依照欄位中文字最多的儲存格自動調整

💡 這裡選擇 A：C 欄，所以 3 個欄位的欄寬會同時自動調整。

⬆ 進階技巧　拖曳列編號的下邊界，調整列高

列高會依照字型大小自動調整其高度，若要自行調整列高時，可以拖曳列編號的下方邊界。

3-10

NO. 041 如何正確操作儲存格的移動或複製

要將工作表中的表格移動到其他位置時，可以利用剪下→貼上來完成。若不想要移動而是想要複製，則利用複製→貼上的操作來完成。這時，若能利用快速鍵來完成，在操作上會更簡便。

點選「功能區」的按鈕來操作

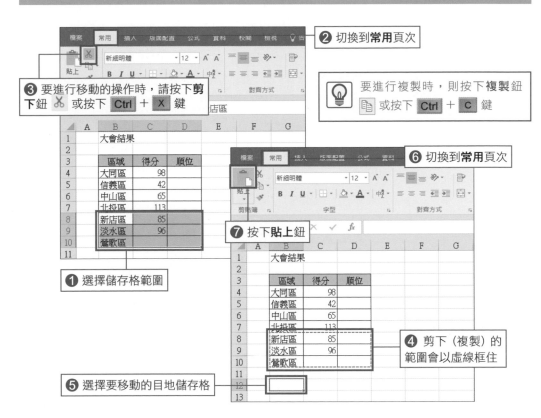

❷ 切換到**常用**頁次

❸ 要進行移動的操作時，請按下**剪下**鈕 ✂ 或按下 `Ctrl` + `X` 鍵

要進行複製時，則按下**複製**鈕 📋 或按下 `Ctrl` + `C` 鍵

❶ 選擇儲存格範圍

❻ 切換到**常用**頁次

❼ 按下**貼上**鈕

❹ 剪下（複製）的範圍會以虛線框住

❺ 選擇要移動的目地儲存格

↑進階技巧 將複製的資料重複貼到其他儲存格

執行「剪下→貼上」的操作，在執行貼上後，原本儲存格中的資料就會被刪除；但在「複製」的情況下，按下**貼上**鈕 📋 後，原本複製的資料內容還是被虛線框住，在這個狀態下，可以不斷執行貼上動作。

NO. 042 想將複製的儲存格插入表格內的其他位置

編輯表格的過程中，不只會遇到將儲存格剪下、複製後貼上，有時也需要將資料插入表格中。這時，要正確指定在目標位置插入後，原來的資料要往右或下方移動。

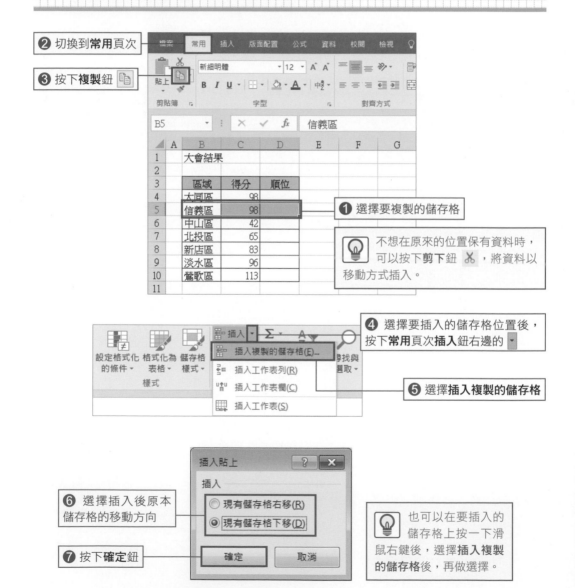

② 切換到**常用**頁次

③ 按下**複製**鈕

B5　信義區

	A	B	C	D	E	F	G
1		大會結果					
2							
3		區域	得分	順位			
4		大同區	98				
5		信義區	98				
6		中山區	42				
7		北投區	65				
8		新店區	83				
9		淡水區	96				
10		鶯歌區	113				
11							

❶ 選擇要複製的儲存格

不想在原來的位置保有資料時，可以按下**剪下**鈕 ✕，將資料以移動方式插入。

設定格式化的條件　格式化為表格　儲存格樣式

插入複製的儲存格(E)...
插入工作表列(R)
插入工作表欄(C)
插入工作表(S)

④ 選擇要插入的儲存格位置後，按下**常用**頁次**插入**鈕右邊的 ▾

❺ 選擇**插入複製的儲存格**

插入貼上

插入
○ 現有儲存格右移(R)
● 現有儲存格下移(D)

❻ 選擇插入後原本儲存格的移動方向

⑦ 按下**確定**鈕

確定　取消

也可以在要插入的儲存格上按一下滑鼠右鍵後，選擇**插入複製的儲存格**後，再做選擇。

NO. 043

即使是編輯完成的表格，也能將表格的欄與列瞬間互換

在表格編輯完成後才發現「若能將欄與列互換的話，會更恰當……」。這時，不需要重新製作表格。本單元將介紹一個好用的技巧，那就是先複製資料後，將表格以欄與列互換後貼上的方法。

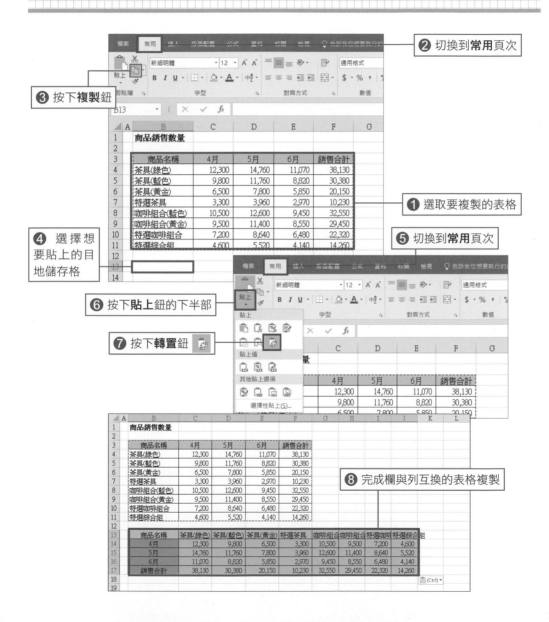

② 切換到**常用**頁次

③ 按下**複製**鈕

① 選取要複製的表格

④ 選擇想要貼上的目的地儲存格

⑤ 切換到**常用**頁次

⑥ 按下**貼上**鈕的下半部

⑦ 按下**轉置**鈕

⑧ 完成欄與列互換的表格複製

NO. 044 希望隱藏的欄、列資料不要被複製

單元 039 中介紹隱藏欄與列的操作技巧，而執行複製→貼上的操作後，被隱藏的資料也會一併複製。若只想複製顯示的資料時，需要多一個操作步驟。

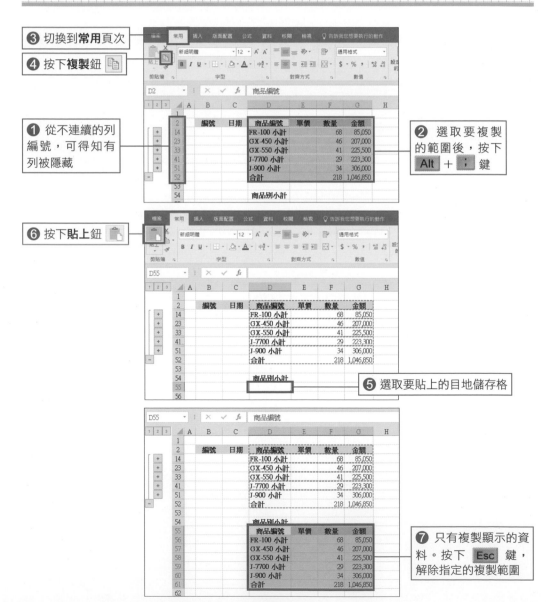

❸ 切換到**常用**頁次

❹ 按下**複製**鈕

❶ 從不連續的列編號，可得知有列被隱藏

❷ 選取要複製的範圍後，按下 Alt + ; 鍵

❻ 按下**貼上**鈕

❺ 選取要貼上的目地儲存格

❼ 只有複製顯示的資料。按下 Esc 鍵，解除指定的複製範圍

NO. 045 在剪貼簿中顯示經常使用的多項資料

一般來說，一次只能複製單一個資料，但若使用 Office 內建的「剪貼簿」功能，則可同時存放多項資料。首先，說明顯示『剪貼簿』工作窗格的方法。

❶ 切換到**常用**頁次

❷ 按下**剪貼簿**區中的 ▫

❸ 開啟**剪貼**簿工作窗格

❹ 想要自動顯示**剪貼簿**工作窗格時，按下**選項**鈕

❺ 勾選**自動顯示 Office 剪貼簿**

❻ 按下 Esc 鍵。連續按 2 次 Ctrl + C 鍵，就能開啟**剪貼簿**工作窗格

從儲存在剪貼簿中的多項資料中選擇要貼上的資料

顯示剪貼簿工作窗格後（請參照上一頁），每次執行複製操作後，就會在工作窗格中新增資料。想要貼上時，只要點選『剪貼簿』工作窗格中的項目。

輸入儲存在剪貼簿的資料

❸ 點選想要貼上的項目

❶ 顯示**剪貼簿**工作窗格，執行複製操作後，顯示的複製內容

❷ 要貼上複製的內容時，選取要貼上的儲存格

如何整理剪貼簿的內容

❶ 要刪除項目時，按下項目右邊的箭頭

❷ 選擇刪除

超過 24 筆資料時，會從最舊的資料開始刪除。

◆進階技巧 如何隱藏「剪貼簿」工作窗格

剪貼簿工作窗格即使被隱藏也能儲存複製的資料。按下選項鈕後 ❶，勾選永遠複製到 Office 剪貼簿但不顯示 ❷。

自動顯示 Office 剪貼簿(A)

按兩次 Ctrl+C 時顯示 Office 剪貼簿(P)

✓ 永遠複製到 Office 剪貼簿但不顯示(C)

✓ 在工具列上顯示 Office 剪貼簿圖示(I)

✓ 複製時在工具列旁顯示狀態(S)

選項 ❶

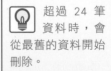

NO. 047 將儲存格的內容還原到未輸入的狀態

已經編輯好的資料，想將儲存格還原到最原始的狀態，重新編輯。若只是單純將資料刪除，原本設定的格式還是會被保留。這裡將介紹全部清除的方法。

清除所有輸入的資料及設定格式

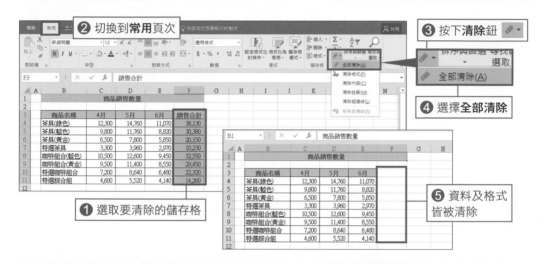

❷ 切換到**常用**頁次

❸ 按下**清除鈕**

❹ 選擇**全部清除**

❶ 選取要清除的儲存格

❺ 資料及格式皆被清除

只清除設定的格式

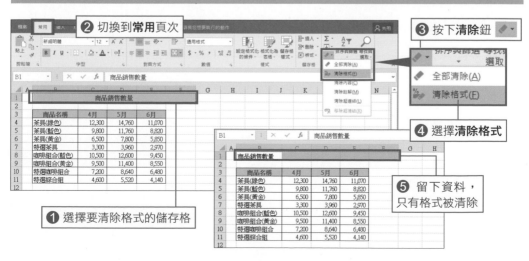

❷ 切換到**常用**頁次

❸ 按下**清除鈕**

❹ 選擇**清除格式**

❶ 選擇要清除格式的儲存格

❺ 留下資料，只有格式被清除

NO. 048 | 從 Excel 的廣大工作表中找出特定的資料

在工作表中要尋找任意的文字時，要從「尋找及取代」交談窗中執行。按下全部尋找鈕後，會將搜尋結果統一顯示。另外，按下選項鈕，可以更進一步指定搜尋條件。

❶ 按下**常用**頁次中的**尋找與選取**鈕

❷ 選擇**尋找**

💡 按下 Ctrl + F 鍵，也能顯示**尋找及取代**交談窗中的**尋找**頁次。

❸ 在**尋找**頁次的**尋找目標**欄中輸入尋找的關鍵字

❹ 按下**全部尋找**鈕

❺ 從顯示的尋找結果中選擇其中一筆資料

❼ 按下**找下一個**鈕後，作用儲存格會選取下一筆被尋找到的資料

❻ 該筆資料會被選取

❽ 找到尋找目標後，按下**關閉**鈕

3-18

NO. 049 在多處看到同樣的錯誤！想要統一一次修正

此範例將所有「仁愛門市」輸入成「人愛門市」時，只要執行「取代」功能，就能一次修正。「取代」功能可以運用在廣大的工作表中，因此一定要學會如何靈活運用。

❶ 按下**常用**頁次中的**尋找與選取**鈕

❷ 選擇**取代**

按下 Ctrl + H 鍵，也能顯示**尋找及取代**交談窗中的**取代**頁次。

❸ 在**取代**頁次的**尋找目標**欄輸入要尋找的文字

按下**取代**鈕的話，可以一筆一筆確認會被取代的字串。

❺ 按下**全部取代**鈕

❹ 在**取代成**欄輸入想要取代的文字

❽ 字串被取代了

❼ 按下**關閉**鈕

❻ 顯示取代完成的交談窗後，按下**確定**鈕

NO. 050

整理資料！
統一刪除不要的空白

從主管或客戶手中拿到的資料，有時會發現資料中多了不需要的空白。不需要的空白可以將它刪除，活用「取代」功能就能順利完成。

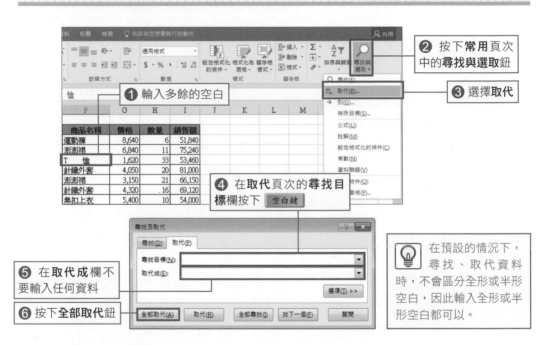

❶ 輸入多餘的空白

❷ 按下**常用**頁次中的**尋找與選取**鈕

❸ 選擇**取代**

❹ 在**取代**頁次的**尋找目標**欄按下 空白鍵

❺ 在**取代成**欄不要輸入任何資料

❻ 按下**全部取代**鈕

在預設的情況下，尋找、取代資料時，不會區分全形或半形空白，因此輸入全形或半形空白都可以。

❽ 按下**關閉**鈕

❾ 多餘的空白被刪除了

❼ 出現完成取代作業的交談窗後，按下**確定**鈕

NO. 051 將單一個儲存格資料分割成多個儲存格

想要將輸入在同一個儲存格中的地址，分割成區域及路名巷弄號碼等 2 個儲存格。這時，只要在想要區隔的字串中輸入空白或逗號等字元，就能簡單的分割。

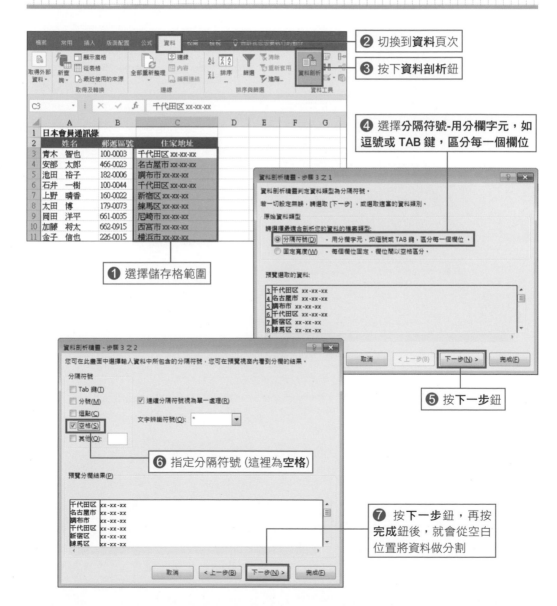

❷ 切換到**資料**頁次

❸ 按下**資料剖析**鈕

❹ 選擇分隔符號-用分欄字元，如逗號或 TAB 鍵，區分每一個欄位

❶ 選擇儲存格範圍

❺ 按**下一步**鈕

❻ 指定分隔符號 (這裡為**空格**)

❼ 按**下一步**鈕，再按**完成**鈕後，就會從空白位置將資料做分割

隱藏儲存格的格線，可以傳達文件已經完成的印象

儲存格淡色的格線雖然在編輯時很方便，但若儲存格做太細的合併或編製複雜的文件時，格線就會讓人覺得文件還在製作階段。這時，可以將格線隱藏起來。

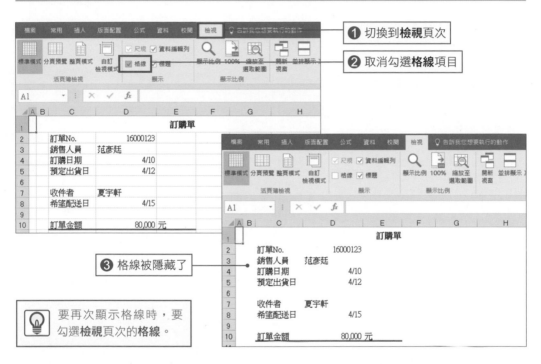

❶ 切換到**檢視**頁次

❷ 取消勾選**格線**項目

❸ 格線被隱藏了

要再次顯示格線時，要勾選**檢視**頁次的**格線**。

⬆ 進階技巧 變更格線的顏色

要變更格線的顏色時，在**Excel 選項**交談窗的**進階**頁次中 ❶，按下下方的**格線色彩鈕** ❷。選好色彩後 ❸，按下**確定**鈕。

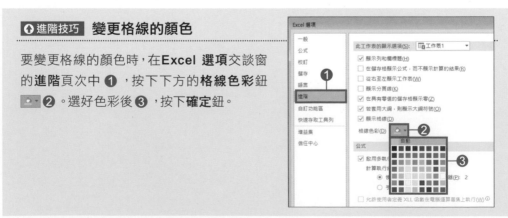

NO. 053 隱藏資料編輯列、欄編號、列編號讓畫面更清爽

在編輯的過程中用不到資料編輯列、欄編號、列編號時，可以將這些工具先隱藏起來，以便集中編輯。想要再次顯示時，在操作上也很簡單。

隱藏「資料編輯列」

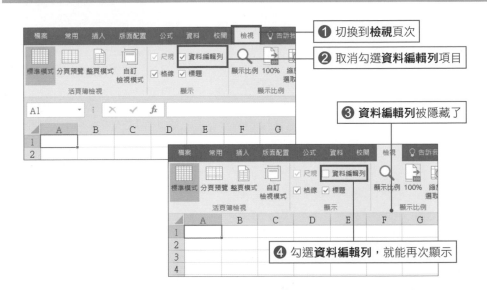

❶ 切換到**檢視**頁次

❷ 取消勾選**資料編輯列**項目

❸ **資料編輯列**被隱藏了

❹ 勾選**資料編輯列**，就能再次顯示

隱藏欄編號、列編號

❶ 切換到**檢視**頁次

❹ 勾選**標題**，就能再次顯示

❷ 取消勾選**標題**項目

❸ 欄編號、列編號被隱藏了

NO. 054 只將選取範圍放大顯示到符合視窗的大小

想要將重要的資料內容做確認時，可以將選取範圍擴大、縮小到符合 Excel 視窗大小。這樣才不會看見周圍不相關的儲存格資料。

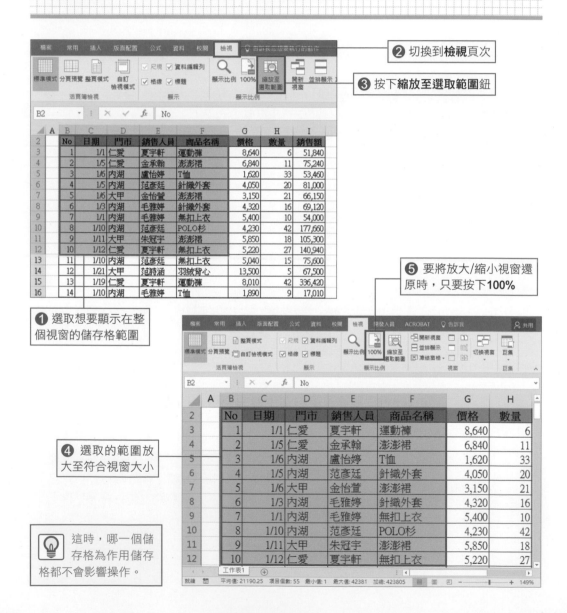

❷ 切換到**檢視**頁次

❸ 按下**縮放至選取範圍**鈕

❺ 要將放大/縮小視窗還原時，只要按下**100%**

❶ 選取想要顯示在整個視窗的儲存格範圍

❹ 選取的範圍放大至符合視窗大小

💡 這時，哪一個儲存格為作用儲存格都不會影響操作。

NO. 055 比較 2 個活頁簿的內容

在確認文件時，常會同時開啟 2 個工作表來確認內容。這時，使用「並排顯示」功能就非常方便，不過請事先開啟要做比較的 2 份活頁簿。

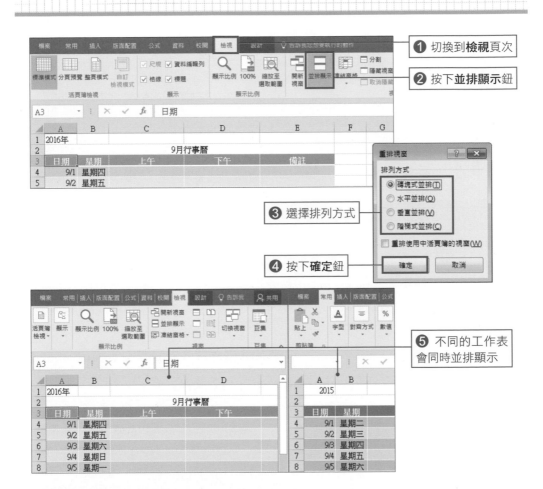

❶ 切換到**檢視**頁次

❷ 按下**並排顯示**鈕

❸ 選擇排列方式

❹ 按下**確定**鈕

❺ 不同的工作表會同時並排顯示

↑ 進階技巧 讓並排顯示的視窗能同時捲動內容

視窗並排後，按下**視窗**群組中的**並排檢視**鈕 ，能讓多個視窗同時捲動。再次按下**並排檢視**鈕 ，視窗會還原到原來並排的方式。

NO. 056 同時顯示並確認活頁簿中不同的工作表

同一個活頁簿中的多個工作表可以同時顯示。想要同時顯示時,要將不同的工作表以開啟視窗方式開啟後,再利用與上一頁相同的技巧,將視窗並排顯示。

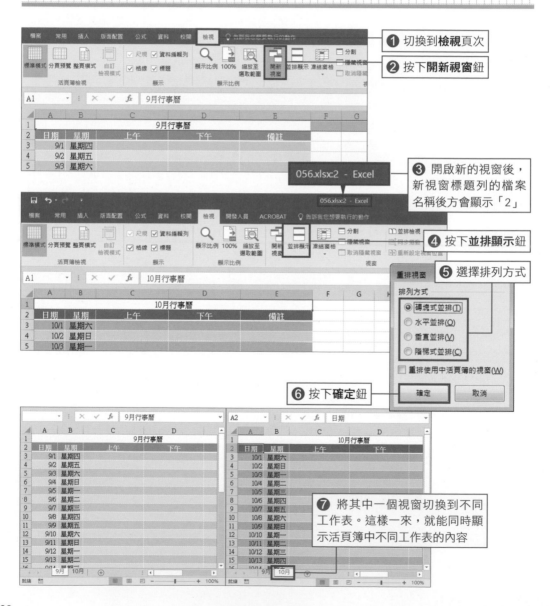

❶ 切換到**檢視**頁次

❷ 按下**開新視窗**鈕

❸ 開啟新的視窗後,新視窗標題列的檔案名稱後方會顯示「2」

❹ 按下**並排顯示**鈕

❺ 選擇排列方式

❻ 按下**確定**鈕

❼ 將其中一個視窗切換到不同工作表。這樣一來,就能同時顯示活頁簿中不同工作表的內容

第 4 章

透過格式設定技巧
提升文件的專業度

這裡將開始把建立完成的資料編輯成版面美觀的文件。並說明將文字或儲存格加上色彩，讓資料變顯眼、統一配置、顯示貨幣符號或數量單位等各式各樣的技巧。讓商業文件能在套用最佳格式的情況下，讓文件清楚易懂。

調整文字的字型或大小
製作出好看的資料

想讓 Excel 文件更美觀，首先從文字的字型或大小下功夫。另外，雖然這裡選擇套用「華康 POP1 體W7」做示範，但在商業上的文件則要選擇較正式的字型。

變更文字的字型

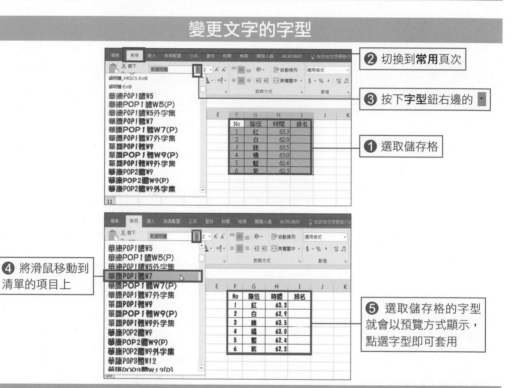

❷ 切換到**常用**頁次

❸ 按下**字型**鈕右邊的 ▼

❶ 選取儲存格

❹ 將滑鼠移動到清單的項目上

❺ 選取儲存格的字型就會以預覽方式顯示，點選字型即可套用

變更文字的大小

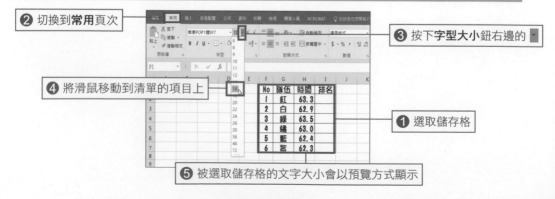

❷ 切換到**常用**頁次

❸ 按下**字型大小**鈕右邊的 ▼

❹ 將滑鼠移動到清單的項目上

❶ 選取儲存格

❺ 被選取儲存格的文字大小會以預覽方式顯示

NO. 058 變更表格標題字的色彩 讓資料更顯眼

利用黑白製作出的文件，雖然樸實，但卻也讓文件失去親切感。依照不同項目變更文字顏色的操作，可讓文件更容易閱讀。但需注意，若使用過多的色彩，反而會有反效果。一般大約使用 2 至 3 個顏色較適當。

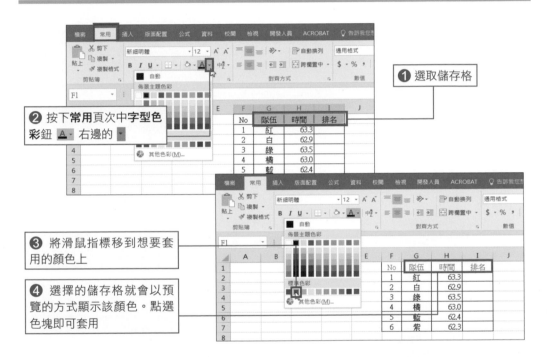

❶ 選取儲存格

❷ 按下**常用**頁次中**字型色彩**鈕 右邊的

❸ 將滑鼠指標移到想要套用的顏色上

❹ 選擇的儲存格就會以預覽的方式顯示該顏色。點選色塊即可套用

↑進階技巧 選擇其他顏色

想要套用色塊以外的顏色時，按下**字型色彩**鈕 的 後，點選**其他色彩**。在**標準**頁次中選擇想要套用的色彩後 ❶，按下**確定**鈕 ❷。切換到**自訂**頁次後 ❸，可以自訂喜歡的顏色。

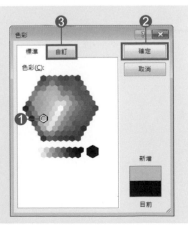

在文字上套用粗體、斜體、底線以強調重要內容

想要強調部分文字內容時，可以選擇套用「粗體、斜體、底線」的方法。只是這樣的格式本身並沒有很好看。需注意不要使用過度。

將文字設成粗體格式

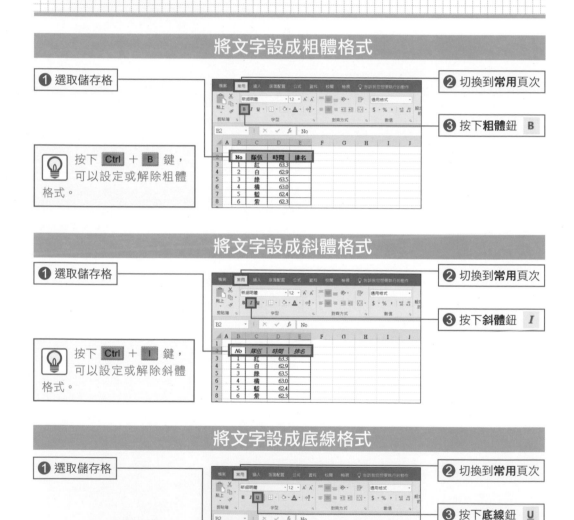

❶ 選取儲存格

❷ 切換到**常用**頁次

❸ 按下**粗體**鈕　B

按下 Ctrl + B 鍵，可以設定或解除粗體格式。

將文字設成斜體格式

❶ 選取儲存格

❷ 切換到**常用**頁次

❸ 按下**斜體**鈕　I

按下 Ctrl + I 鍵，可以設定或解除斜體格式。

將文字設成底線格式

❶ 選取儲存格

❷ 切換到**常用**頁次

❸ 按下**底線**鈕　U

按下 Ctrl + U 鍵，可以設定或解除底線格式。

NO. 060

套用儲存格背景色彩
讓資料更醒目

利用將儲存格填滿色彩的方法，可以製作出漂亮的表格。搭配 4-3 頁介紹的變更文字色彩的技巧，在配色時需注意，不要讓儲存格內的文字變得不易閱讀。

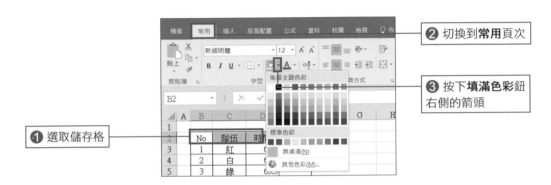

❷ 切換到**常用**頁次

❸ 按下**填滿色彩**鈕右側的箭頭

❶ 選取儲存格

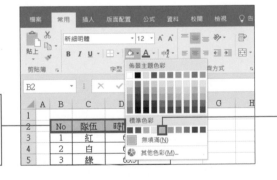

❺ 選取的儲存格就會以預覽的方式顯示該顏色。點選色塊即可套用

❹ 將滑鼠指標移到想要套用的顏色上

❻ 套用選擇的色彩

❼ 選擇色彩後，**填滿色彩**鈕 的顏色也會跟著改變

直接按下**填滿色彩**鈕 後，會直接在儲存格中填滿按鈕上顯示的色彩。

NO. 061 在儲存格中填滿漸層效果，但商業文件中勿套用太多效果！

在儲存格中可以填滿漸層色彩。設定時，可以選擇 2 種顏色。依照色彩的組合，有時會給人資料不夠充足的印象。若是以編輯專業文件為目標的話，請少用這個技巧。

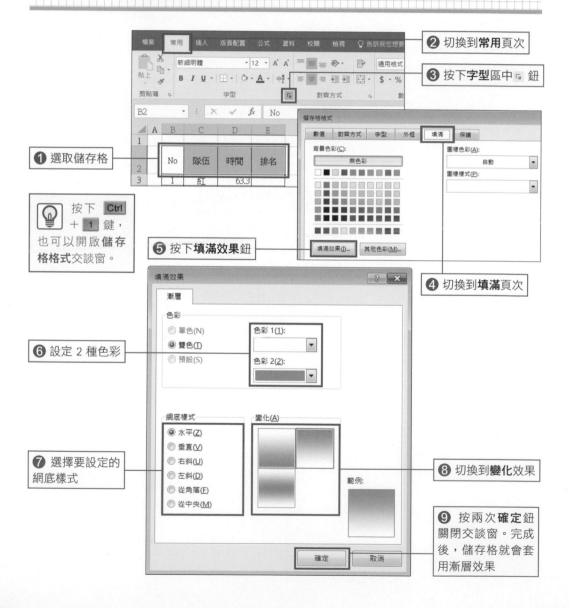

② 切換到**常用**頁次

③ 按下**字型**區中 鈕

① 選取儲存格

按下 Ctrl + 1 鍵，也可以開啟**儲存格格式**交談窗。

⑤ 按下**填滿效果**鈕

④ 切換到**填滿**頁次

儲存格格式

數值　對齊方式　字型　外框　填滿　保護

背景色彩(C)：

無色彩

圖樣色彩(A)：
自動

圖樣樣式(P)：

填滿效果(I)...　　其他色彩(M)...

填滿效果

漸層

色彩

⑥ 設定 2 種色彩

○ 單色(N)
● 雙色(T)
○ 預設(S)

色彩 1(1)：

色彩 2(2)：

網底樣式

⑦ 選擇要設定的網底樣式

● 水平(Z)
○ 垂直(V)
○ 右斜(U)
○ 左斜(D)
○ 從角落(F)
○ 從中央(M)

變化(A)

⑧ 切換到**變化**效果

範例：

⑨ 按兩次**確定**鈕關閉交談窗。完成後，儲存格就會套用漸層效果

確定　　取消

NO. 062 替編輯完成的表格繪製框線！

在表格中繪製框線，除了可以明顯區別與其他儲存格範圍外，資料也會變得容易閱讀。這裡將介紹繪製所有框線及外框線為粗線條的方法。這個功能經常會使用到，因此要能掌握這個基本操作。

替整個表格繪製格狀的框線

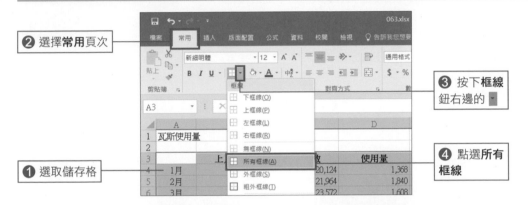

❷ 選擇**常用**頁次

❸ 按下**框線**鈕右邊的 ▾

❶ 選取儲存格

❹ 點選所有框線

繪製粗線條的外框線

❶ 按下**框線**鈕 田 右邊的 ▾

❷ 選擇**粗外框線**後，外框的框線會變粗線

要刪除設定後的框線時，在按下**框線**鈕 田 右邊的 ▾ 後，選擇**無框線**。

⬆進階技巧 一次設定好框線樣式及色彩

按下**框線**鈕 田 右邊的 ▾ 後，選擇**其他框線**，開啟**儲存格格式**交談窗。在**外框**頁次中可以設定線條的色彩、樣式及斜線等。

自訂細緻的框線！分別新增、刪除單條框線的方法

前一頁大致介紹了框線的設定方法。這裡將介紹繪製單條框線和刪除單條框線的方法。這樣一來，可以自由編輯框線。

繪製單條框線

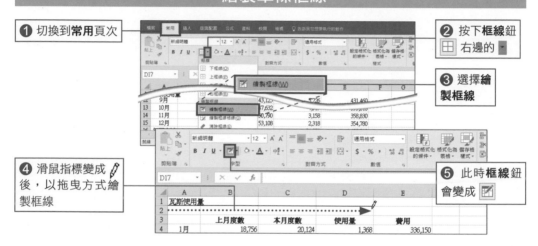

❶ 切換到**常用**頁次

❷ 按下**框線**鈕右邊的 ▼

❸ 選擇**繪製框線**

❹ 滑鼠指標變成 ✐ 後，以拖曳方式繪製框線

❺ 此時**框線**鈕會變成

刪除單條框線

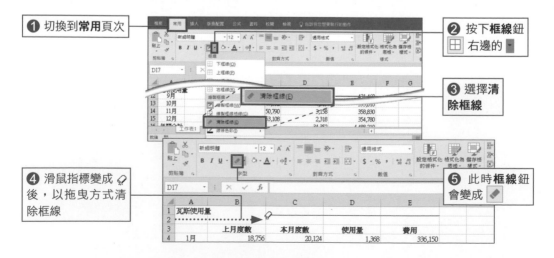

❶ 切換到**常用**頁次

❷ 按下**框線**鈕右邊的 ▼

❸ 選擇**清除框線**

❹ 滑鼠指標變成 ✐ 後，以拖曳方式清除框線

❺ 此時**框線**鈕會變成

NO. 064 嚴選框線的顏色及類型 製作具魅力的表格

除了框線的色彩外,也能將框線的樣式變更成虛線或雙框線。若能自由控制這些功能的話,就能編輯出讓人易懂的表格。例如,在每月所要輸入的項目及該項目的合計間繪製雙框線,會讓人覺得有區隔的效果。

變更框線色彩

❶ 切換到**常用**頁次

❷ 按下**框線**鈕 田 右邊的 ▼

❸ 滑鼠指標移到**線條色彩**上

❹ 從顯示的色彩選單中選擇色彩

💡 將滑鼠指標移到**線條樣式**上,可以設定線條為粗框線、虛線或雙框線等類型。

❺ 滑鼠指標變成 🖊 形狀後,以拖曳方式繪製框線

選擇框線類型

❷ 按下**框線**鈕 田 右邊的 ▼

❶ 按下 Esc 鍵解除框線繪製模式後,選取儲存格範圍

❸ 選擇要繪製的框線樣式

NO. 065 指定文字的左右或上下對齊，利用配置讓資料更易懂

當表格內的資料沒有統一左右、上下對齊時，會給人資料不整齊的印象，資料也就不會讓人覺得有說服力。因此可以指定資料靠左、置中、靠右對齊。靠上、置中、靠下對齊的操作也相同。

文字靠右、置中對齊

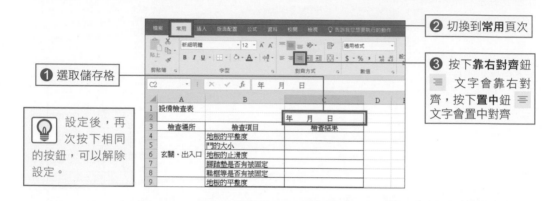

① 選取儲存格

② 切換到**常用**頁次

③ 按下**靠右對齊**鈕 ≡ 文字會靠右對齊，按下**置中**鈕 ≡ 文字會置中對齊

設定後，再次按下相同的按鈕，可以解除設定。

文字靠上、靠下對齊

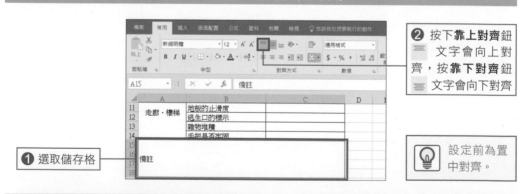

① 選取儲存格

② 按下**靠上對齊**鈕 ≡ 文字會向上對齊，按**靠下對齊**鈕 ≡ 文字會向下對齊

設定前為置中對齊。

⊕ 進階技巧　讓文字平均分散顯示的方法

要讓文字平均顯示在儲存格中時，選取儲存格後，按下**對齊方式**區的 ⊑ 鈕。按下**儲存格格式**交談窗**對齊方式**頁次中**水平**選單右邊的 ▾ 後，從選單中切換到**分散對齊 (縮排)**，然後按下**確定**鈕，文字就會平均顯示。

NO. 066 讓文字垂直或旋轉顯示！

預設的情況下，在儲存格中輸入文字會以水平方式顯示，不過文字也能以垂直或旋轉
方式顯示。雖然與平常的格式不太相同，但資料卻能讓人有不同的印象，因此可以依
照資料輸入的情況，靈活運用此技巧。

讓文字垂直顯示

❷ 切換到**常用**頁次

❸ 按下**方向鈕**

❹ 選擇**垂直文字**

❶ 選取要讓文字垂直顯示的儲存格

讓儲存格內的文字旋轉顯示

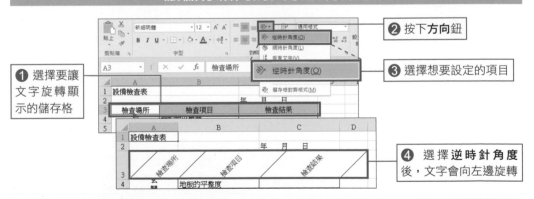

❶ 選擇要讓文字旋轉顯示的儲存格

❷ 按下**方向鈕**

❸ 選擇想要設定的項目

❹ 選擇**逆時針角度**後，文字會向左邊旋轉

⬆進階技巧 想要指定角度的數值

想要指定顯示的角度數值，請在選取儲存格後，按下**對齊方式**區中的**方向鈕** ≫，然後
選取**儲存格對齊格式**。在**對齊方式**頁次的右側輸入旋轉的角度後，按下**確定鈕**。

NO. 067

將儲存格內的文字換列顯示
是讓資料易讀的鐵則

當儲存格內的資料文字數較多時，除了可以調整欄位寬度外，還可以將儲存格內的文字分列顯示。**依照內容在適當的位置將資料換列顯示，能讓資料更容易閱讀。**

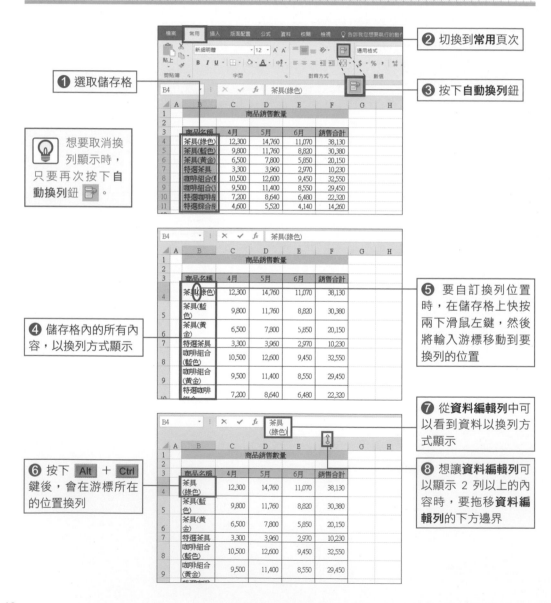

② 切換到**常用**頁次

① 選取儲存格

③ 按下**自動換列**鈕

想要取消換列顯示時，只要再次按下**自動換列**鈕。

⑤ 要自訂換列位置時，在儲存格上快按兩下滑鼠左鍵，然後將輸入游標移動到要換列的位置

④ 儲存格內的所有內容，以換列方式顯示

⑦ 從**資料編輯列**中可以看到資料以換列方式顯示

⑥ 按下 Alt + Ctrl 鍵後，會在游標所在的位置換列

⑧ 想讓**資料編輯列**可以顯示 2 列以上的內容時，要拖移**資料編輯列**的下方邊界

NO. 068

將文字縮小顯示以符合儲存格大小的技巧

根據編輯完成的文件大小，若遇到不想讓文字被隱藏，但又無法調整欄位寬度的情況時，可以將文字縮小到符合儲存格的大小。簡單的設定操作即可完成。

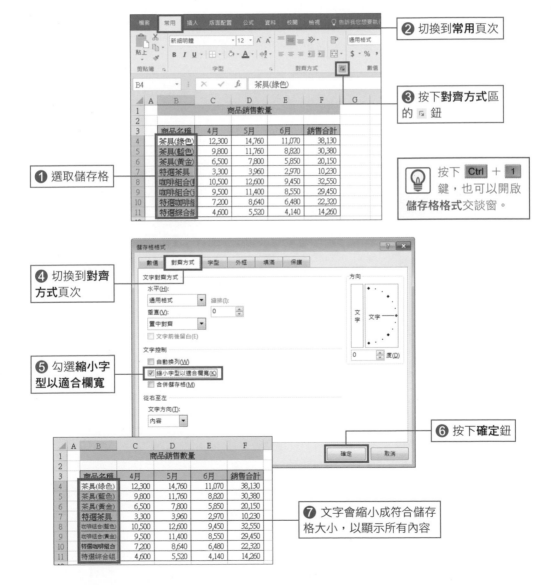

2 切換到**常用**頁次

3 按下**對齊方式**區的 鈕

1 選取儲存格

按下 **Ctrl** + **1** 鍵，也可以開啟**儲存格格式**交談窗。

4 切換到**對齊方式**頁次

5 勾選**縮小字型以適合欄寬**

6 按下**確定**鈕

7 文字會縮小成符合儲存格大小，以顯示所有內容

NO. 069 使用縮排功能，在資料前面插入一個全形空白

若需要在儲存格文字前面插入一個全形空白時，請一定要避免自行在字串前面輸入空白鍵。這個方法會無法順利讓資料在其他地方重複使用。遇到這個情況時，可以利用縮排功能來調整。

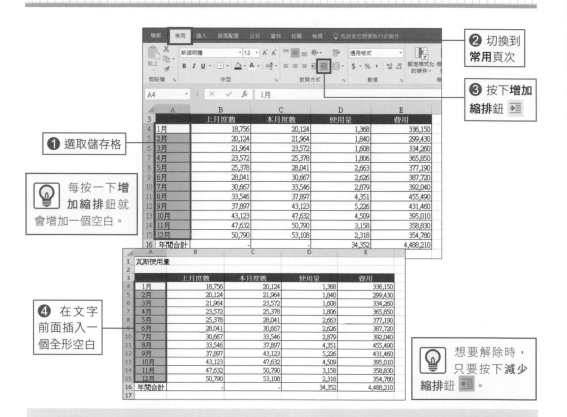

❷ 切換到**常用**頁次

❸ 按下增加縮排鈕 ⊒

❶ 選取儲存格

💡 每按一下**增加縮排**鈕就會增加一個空白。

❹ 在文字前面插入一個全形空白

💡 想要解除時，只要按下**減少縮排**鈕 ⊑ 。

⬆ **進階技巧** 讓儲存格內的文字尾端對齊

要讓儲存格內文字的尾端對齊時，可以利用縮排及靠右對齊 2 個功能來完成。先選擇想要設定的儲存格後，切換到**常用**頁次 ❶，然後按下**靠右對齊**鈕 ≣ ❷，接著按下**增加縮排**鈕 ⊒ ❸，就能讓資料的尾端對齊 ❹。

NO. 070 將多個儲存格合併成一個

Excel 中有可以讓多個儲存格合併成單一儲存格的功能。此功能雖然可製作出預想的表格，但因為資料會變得較難處理，所以在使用上要更加小心。

❷ 切換到**常用**頁次

❸ 按下**跨欄置中**鈕 右邊的

❹ 選擇**合併儲存格**

❶ 選擇要合併的儲存格範圍

❻ 選擇合併儲存格後，再次按下**跨欄置中**鈕，可以解除儲存格的合併

❺ 儲存格被合併了

⬆ 進階技巧　將已輸入資料的多個儲存格合併？

在要合併的儲存格範圍中，包含多個已輸入資料的儲存格時 ❶，只會留下選擇範圍左上角儲存格的資料內容，其他儲存格的資料皆會被刪除。這時會出現提醒交談窗 ❷。

將多個儲存格合併！
製作出好看的表格標題

在表格上方輸入標題，將多個儲存格合併成 1 個後，合併後的儲存格會將文字內容置中對齊。即使變更欄位寬度，標題還是會一直顯示在表格的中間，因此能美化版面。

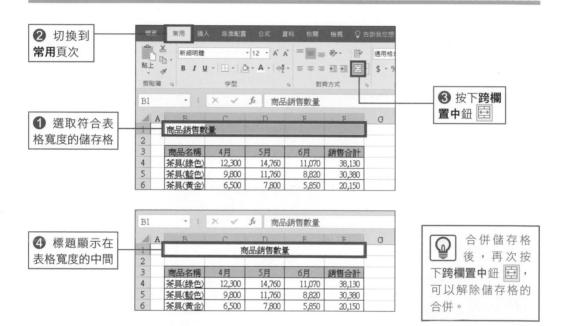

❷ 切換到**常用**頁次

❶ 選取符合表格寬度的儲存格

❸ 按下**跨欄置中**鈕

❹ 標題顯示在表格寬度的中間

💡 合併儲存格後，再次按下**跨欄置中**鈕，可以解除儲存格的合併。

↑進階技巧 **在沒有合併儲存格的情況下，將文字置中對齊**

即使沒有將儲存格合併，也能讓文字在表格寬度中以置中方式顯示。先選取儲存格範圍後，按下**常用**頁次**對齊方式**區中的 ▫ 鈕。在**儲存格格式**交談窗的**對齊方式**頁次中，按下**水平**選單右邊的 ▾ ❷，然後選擇**跨欄置中**❸，接著按下**確定**鈕 ❹。

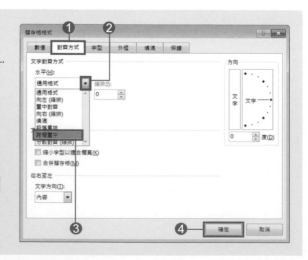

NO. 072 在數值中加上千分位或貨幣符號

Excel 可以發揮數值計算的威力，但這些數值可以利用逗號來區分位數或依照情況加上貨幣符號，以便快速掌握數值大小。新增「,」、「$」符號時，不是以手動方式輸入，使用 Excel 的功能即可完成。

新增逗號來區分位數

❷ 切換到**常用**頁次

❶ 選取儲存格

❸ 按下**千分位樣式**鈕 **,** 後，會插入區隔位數的逗號

新增貨幣符號

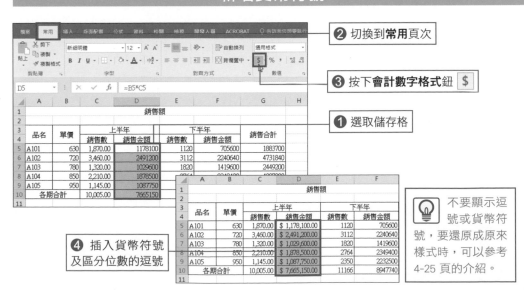

❷ 切換到**常用**頁次

❸ 按下**會計數字格式**鈕 $

❶ 選取儲存格

❹ 插入貨幣符號及區分位數的逗號

💡 不要顯示逗號或貨幣符號，要還原成原來樣式時，可以參考 4-25 頁的介紹。

NO. 073 | 將數值以百分比顯示

數值要以「%」(百分比) 顯示時，可以按下功能區中的百分比樣式鈕。設定後，小數點以下的數字會被隱藏，請參照下方進階技巧專欄指定小數點以下的顯示位數。

② 切換到**常用**頁次

③ 按下**百分比樣式**鈕 %

① 選擇輸入數值的儲存格範圍

④ 選擇的儲存格數值，以百分比樣式顯示

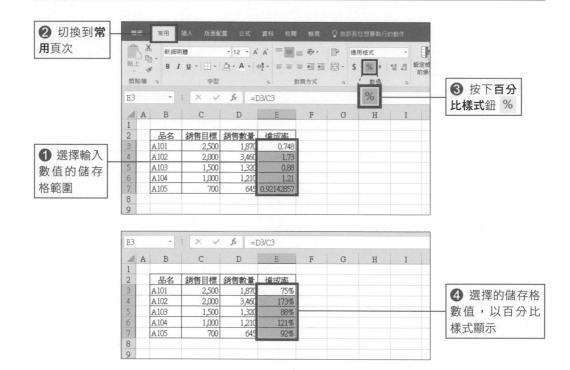

↑進階技巧 **小數點以下的位數**

在預設的情況下，百分比樣式是不會顯示小數點以下的位數。想要變更小數點以下的位數時，可以按下**增加小數位數**鈕 或減少小數位數鈕 。

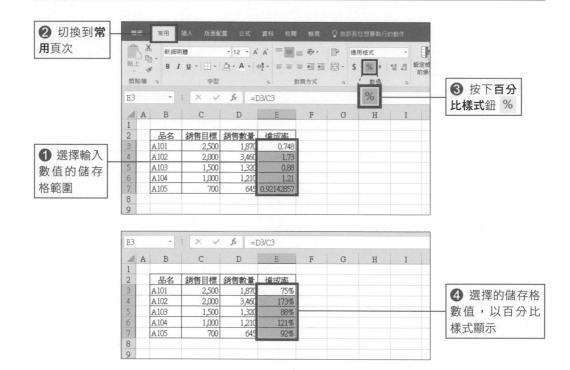

NO. 074 | 統一小數點以下的位數，呈現整理過後的資料

計算後的資料，小數點以下的位數不一定都會相同。想要統一時，不需要將已經輸入的數值做修正。只要利用功能區中的按鈕就能輕鬆完成。

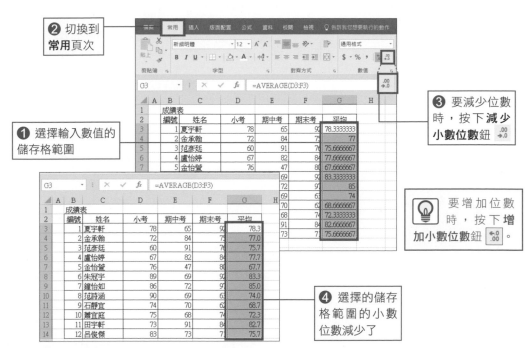

❷ 切換到**常用**頁次

❶ 選擇輸入數值的儲存格範圍

❸ 要減少位數時，按下**減少小數位數**鈕

要增加位數時，按下**增加小數位數**鈕。

❹ 選擇的儲存格範圍的小數位數減少了

↑進階技巧 利用數值指定小數位數

小數位數要利用數值來指定時，按下**數值**區中的 鈕，會開啟**儲存格格式**交談窗。在**數值**頁次 ❶ 中點選**數值**後 ❷，在**小數位數**欄中指定要顯示的位數 ❸，然後按下**確定**鈕 ❹。

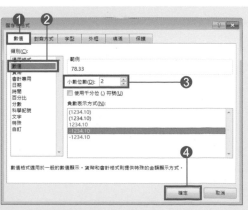

日期以西曆或中華民國曆顯示，以提高文件的親切感

如 2-6 頁的介紹，在輸入日期的同時，輸入日期的年份也會一併被納入。年號可以任意指定是否顯示，本單元也會介紹套用「中華民國曆」的方法，請參照下方『進階技巧』專欄。

② 切換到**常用**頁次

③ 按下**數值**區中**數值格式**選單右邊的 ▾

① 要顯示西曆日期時，選擇輸入日期的儲存格

④ 選擇**簡短日期**或**詳細日期**

⑤ 顯示西曆日期

⬆ 進階技巧 將年以中華民國曆顯示

選取要以中華民國曆顯示的儲存格後，按下**數值**區中的 [⬚]。開啟**儲存格格式**交談窗。切換到**數值**頁次 ❶，選擇**日期** ❷，然後在**行事曆類型**選單中選擇**中華民國曆**❸，接著在**類型**欄中選擇想顯示的類型❹，再按下**確定**鈕❺。在**數值格式**的選單中，選擇**簡短日期**或**詳細日期**時，也會用中華民國曆。

NO. 076

想要顯示「12月1日 (週四)」附加星期的日期資料

要在儲存格中顯示「12月1日 (週四)」時，只要變更該顯示格式即可。而該設定要利用自訂方式來完成。完成設定後，只要在儲存格中輸入「12/1」，就會顯示「12月1日 (週四)」。

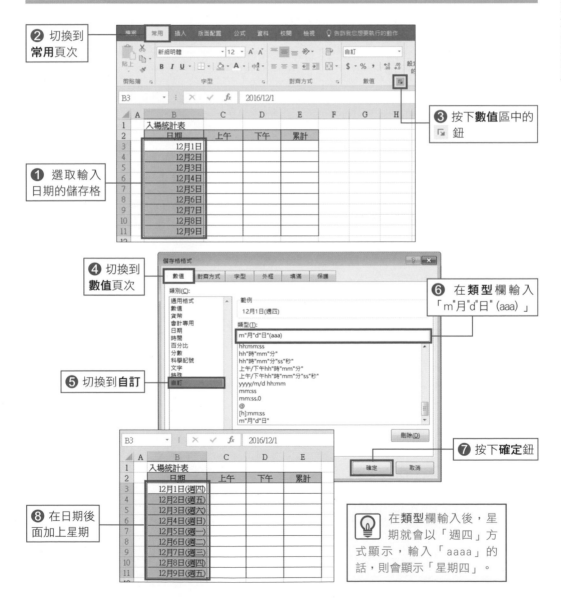

❷ 切換到**常用**頁次

❸ 按下**數值**區中的 🔽 鈕

❶ 選取輸入日期的儲存格

❹ 切換到**數值**頁次

❻ 在**類型**欄輸入「m"月"d"日"(aaa)」

❺ 切換到**自訂**

❼ 按下**確定**鈕

❽ 在日期後面加上星期

💡 在**類型**欄輸入後，星期就會以「週四」方式顯示，輸入「aaaa」的話，則會顯示「星期四」。

4-21

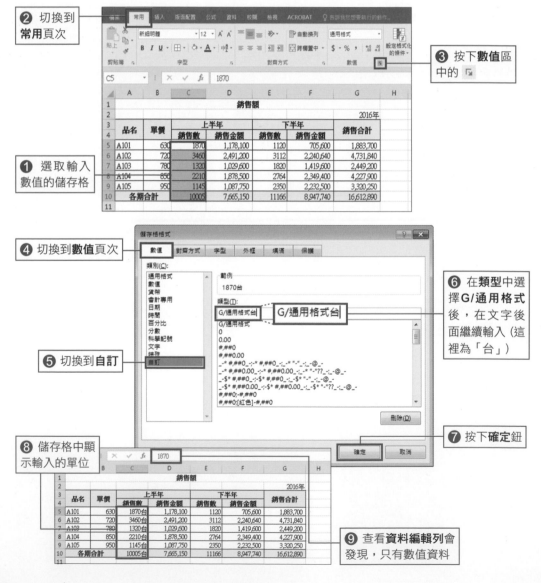

NO. 077 自動填入數值單位，如「○台」的技巧

在統計車量的銷售數量時，若能顯示「○台」的話，可以增加表格資料的親切度。但若自己手動輸入「台」文字時，資料就無法被視為數值資料。請試試在輸入數值後，自動在數值後面加上單位的方法。

② 切換到**常用**頁次

③ 按下**數值**區中的 ⌐

① 選取輸入數值的儲存格

④ 切換到**數值**頁次

⑤ 切換到**自訂**

⑥ 在**類型**中選擇**G/通用格式**後，在文字後面繼續輸入（這裡為「台」）

G/通用格式台

⑦ 按下**確定**鈕

⑧ 儲存格中顯示輸入的單位

⑨ 查看**資料編輯列**會發現，只有數值資料

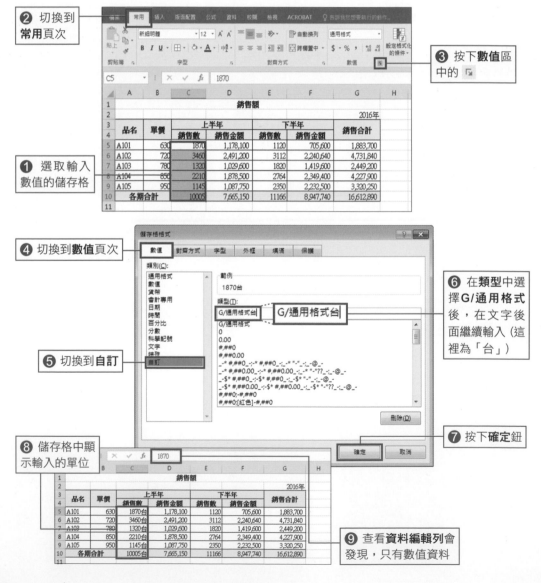

4-22

NO. 078

顯示「迷你工具列」，快速完成各種格式的設定！

格式的變更，雖然可以從功能區中的按鈕或選單來完成，但若想要快速執行時，可以在儲存格上按下滑鼠右鍵。顯示迷你工具列後，就能快速變更字型、設定框線、顯示百分比等。

① 在選擇的儲存格上按下滑鼠右鍵

② 出現**迷你工具列**後，按下按鈕執行設定

③ 按下按鈕後，按下右鍵的快速選單會消失

④ 只留下**迷你工具列**，繼續執行格式設定

按下 Enter 鍵或 Esc 鍵，或是將滑鼠指標移動到其他地方後，迷你工具列就會消失。

⬆進階技巧 利用「迷你工具列」設定儲存格中部分資料的方法

在儲存格上快按兩下滑鼠左鍵，然後選擇想要設定的文字內容 ❶。出現**迷你工具列**後 ❷，就能設定儲存格內文字的格式。

在其他儲存格也能快速重複套用字型或文字色彩等格式

Excel 可以複製儲存格的格式，如字型、文字大小、文字色彩、百分比等。在這個情況下，輸入的資料不會被複製。只要記住這個技巧，就能快速且輕鬆地將相同格式套用到其他儲存格。

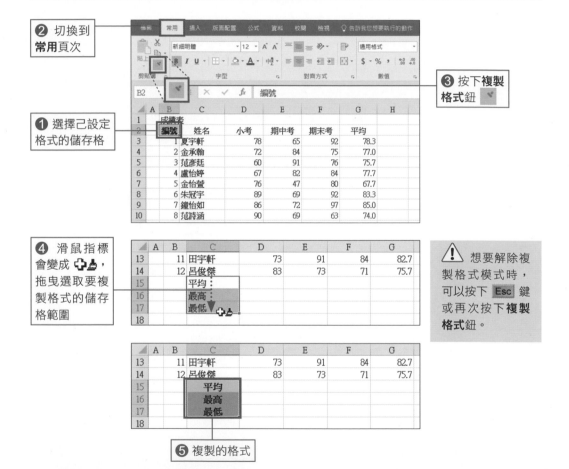

② 切換到常用頁次

③ 按下複製格式鈕

① 選擇已設定格式的儲存格

④ 滑鼠指標會變成 ，拖曳選取要複製格式的儲存格範圍

想要解除複製格式模式時，可以按下 Esc 鍵或再次按下複製格式鈕。

⑤ 複製的格式

↑進階技巧 將格式複製到相鄰儲存格

選取儲存格後，將滑鼠指標移動到右下角，當指標變成 **+** 後拖曳。按下出現的**自動填滿選項**鈕 ，然後選擇**僅以格式填滿**。

NO. 080 快速解除套用在儲存格中顯示格式的設定

編輯表格的過程中，會遇到想要解除百分比或貨幣符號等的情況。這時，只要將顯示格式設定成「通用格式」即可。完成後，資料就會還原成原來的顯示格式。

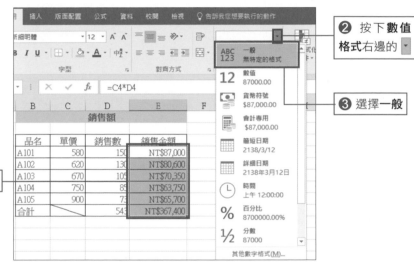

2 按下**數值格式**右邊的▼

3 選擇**一般**

1 選取儲存格

4 顯示樣式回到原來的一般樣式

⊕ 進階技巧　想要刪除儲格的內容！

在 3-17 頁介紹過如何刪除儲存格內容的方法。這個方法可以同時刪除資料及格式。請一併記住這個方法。

MEMO

第 **5** 章

瞬間完成麻煩計算
的公式技巧

商業文件總是會被不同的數字圍繞著。平均、合計、個數、最大值、最小值等資料，雖然都能利用手算方式求得，但當資料量較大時，還是要利用 Excel 來完成。只要學會「公式」的使用方法，各式各樣計算，都能在短時間內求得。

突然被問數值的平均或合計，免計算也能馬上回答

就算已經將表格製作成符合要求的樣式時，還是會有被問到出乎意料的情況。這時，即使是不難的計算，在尋找答案的同時，也會覺得手忙腳亂。數值的平均或合計，不用計算就可以快速得到答案。

在沒有輸入公式的情況下確認計算結果

① 選擇輸入數值的儲存格範圍

② **狀態列**上會顯示平均、項目個數、加總的結果

顯示其他計算結果

① 在**狀態列**上按一下滑鼠右鍵

② 勾選想要顯示的項目

③ 勾選所有想要顯示的項目後，按下 Esc 鍵或在工作表上按一下滑鼠左鍵

④ 勾選的項目會顯示在狀態列上

NO. 082 從四則運算開始練就 Excel 公式編輯能力

在 Excel 中，可以進行各種不同的計算，首先，先從四則運算開始了解吧！輸入公式時，一定要記住公式必需輸入在「=」的後面。這裡將介紹把 C3 和 D3 相乘的結果顯示在儲存格 E3 的方法。

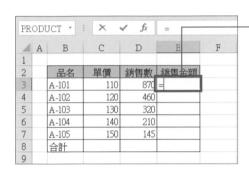

❶ 選取儲存格 E3 後，輸入「=」

❸ 按一下儲存格 D3，在儲存格 E3 中會輸入「D3」後，按下 Enter 鍵

❷ 按一下儲存格 C3，在儲存格 E3中會輸入「C3」後，再輸入「*」

❺ 選取儲存格後，可以在**資料編輯**列看到輸入的計算式

❹ 儲存格 E3 會顯示計算結果的數值

⊕ 進階技巧 算術運算子的種類

如右表，加法為「+」、減法為「-」。當括號（）出現時，括號中的部分會優先計算。

計算	運算子	優先順序
百分比	%	1
次方	^	2
乘法	*	3
除法	/	3
加法	+	4
減法	-	4

NO. 083 將公式複製到其他儲存格！ 利用不費力的操作重覆使用

Excel 的優點為即使將公式複製到其他儲存格，公式的參照儲存格會自動跟著修正 (相對參照)。因此，可以減少修正公式的操作，在操作上也輕鬆許多。

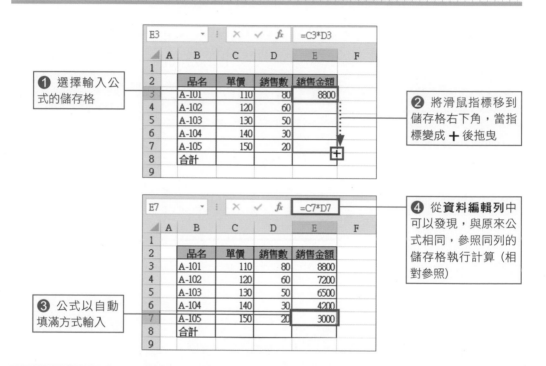

❶ 選擇輸入公式的儲存格

❷ 將滑鼠指標移到儲存格右下角，當指標變成 ✛ 後拖曳

❹ 從**資料編輯列**中可以發現，與原來公式相同，參照同列的儲存格執行計算 (相對參照)

❸ 公式以自動填滿方式輸入

⊙進階技巧 向下複製時，也可以利用快按兩下滑鼠左鍵的方式

要將公式向下方的儲存格複製時，可以將滑鼠指標移動到儲存格的右下角，指標變成 ✛ 後，快按兩下滑鼠左鍵❶。完成後，就能一次將公式複製。

NO. 084 減少不必要的作業！在多個儲存格中同時輸入公式

在 2-11 頁中介紹了在多個儲存格中統一輸入相同資料的操作方法。此方法也適用在公式，將相同公式同時輸入在多個儲存格中。要輸入的儲存格分散在不同位置時，會是一個簡便的方法。

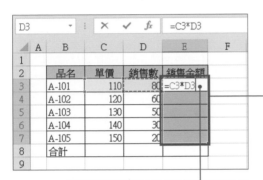

❶ 選擇要輸入相同公式的儲存格範圍

❷ 在其中一個儲存格中輸入公式

❸ 按下 Ctrl + Enter 鍵確定後，會同時在其他選取的儲存格中輸入公式

參照為相對參照。公式會依照輸入的儲存格自動變換參照儲存格。

---

❶ 進階技巧　從函數程式庫開始輸入函數

不論是使用函數程式庫或**插入函數**交談窗來輸入函數，都能同時將函數輸入到多個儲存格中。選取多個儲存格後，在函數程式庫或**插入函數**交談窗中選擇函數，然後在**函數引數**交談窗中輸入引數 ❶。在這裡按下 Ctrl 鍵的同時再按下**確定**鈕後 ❷ ，函數就會同時輸入到選取的多個儲存格中。

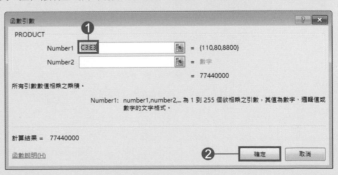

變更公式參照位置後，就無法計算出正確結果

複製公式時，也常會遇到因自動變換參照位置，而造成無法計算出正確結果的情況。想要固定參照位置時，在輸入公式時，要多一個操作步驟。這裡將介紹，固定參照儲存格 D1 的單價，然後與 C 欄相乘的方法。

❶ 選擇儲存格 D3 後，輸入「=」

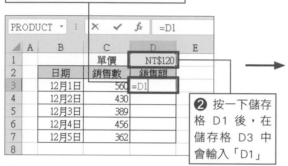

❷ 按一下儲存格 D1 後，在儲存格 D3 中會輸入「D1」

❸ 按下 F4 鍵後「D1」會變成「$D$1」，參照儲存格會被固定 (絕對參照)

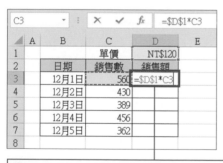

❹ 輸入「*」。按一下儲存格 C3，輸入「=$D$1*C3」後，按下 Enter 鍵確定輸入

❺ 將儲存格 D3 的公式以拖曳方式複製到儲存格 D7 (參照2-13頁)

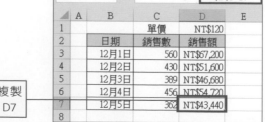

❻ 完成公式的複製後，選擇儲存格 D7

❼ 從資料編輯列中可以發現，儲存格 D1 (單價) 一直被參照著

NO. 086

只固定欄或列的參照位置！
製作九九乘法表

在儲存格範圍 C3：K3 和 B4：B12 中，以相乘計算製作九九乘法表。只固定欄或列。
「$C$3」表示固定儲存格C3 (絕對參照) ，「$C3」表示只有 C 欄被固定，「C$3」則只
有第 3 列被固定 (複合參照) 。

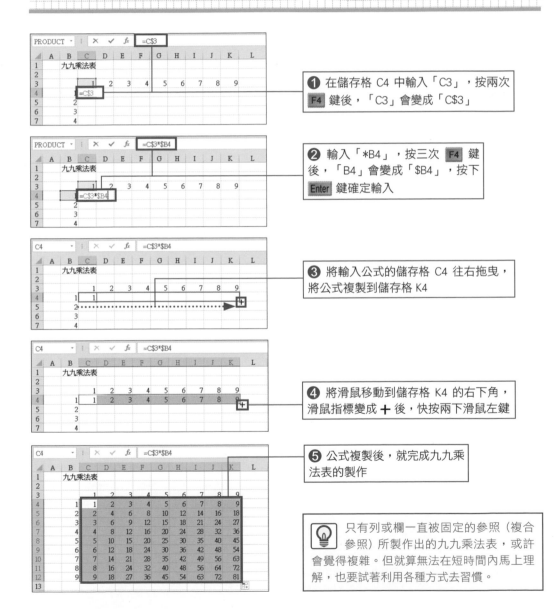

❶ 在儲存格 C4 中輸入「C3」，按兩次
F4 鍵後，「C3」會變成「C$3」

❷ 輸入「*B4」，按三次 F4 鍵
後，「B4」會變成「$B4」，按下
Enter 鍵確定輸入

❸ 將輸入公式的儲存格 C4 往右拖曳，
將公式複製到儲存格 K4

❹ 將滑鼠移動到儲存格 K4 的右下角，
滑鼠指標變成 ✛ 後，快按兩下滑鼠左鍵

❺ 公式複製後，就完成九九乘
法表的製作

只有列或欄一直被固定的參照（複合
參照）所製作出的九九乘法表，或許
會覺得複雜。但就算無法在短時間內馬上理
解，也要試著利用各種方式去習慣。

NO. 087 輕鬆執行自動加總，計算特定期間的銷售合計

這裡將計算4～6 月銷售合計。並使用「自動加總」鈕，以便自動插入 SUM 函數，快速得到計算結果。請學會掌握使用這個方便的按鈕。

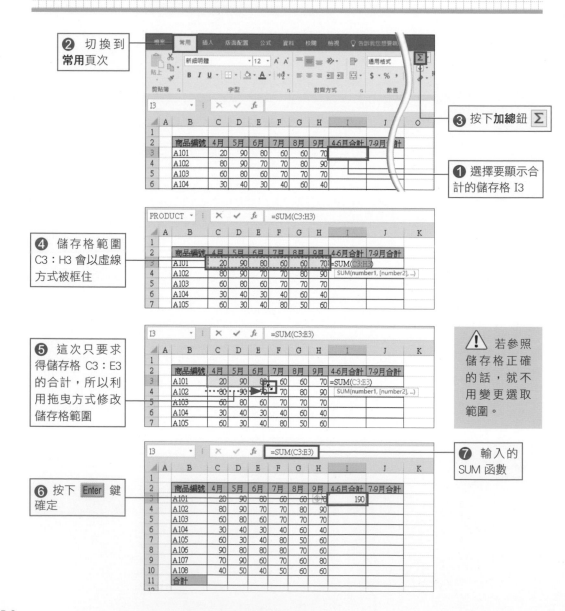

❷ 切換到常用頁次

❸ 按下加總鈕 Σ

❶ 選擇要顯示合計的儲存格 I3

❹ 儲存格範圍 C3：H3 會以虛線方式被框住

❺ 這次只要求得儲存格 C3：E3 的合計，所以利用拖曳方式修改儲存格範圍

⚠ 若參照儲存格正確的話，就不用變更選取範圍。

❼ 輸入的 SUM 函數

❻ 按下 Enter 鍵確定

NO. 088 想求得全部商品在特定期間的銷售額？整個表格的合計！

上一頁以單一商品為例，求得一定期間的銷售額。這裡將分別求得各月的銷售額合計與各商品的銷售額合計。這裡也只要利用**自動加總鈕**就能馬上計算出結果。

計算出每個月的合計

❶ 選擇儲存格範圍 C11：H11

❷ 切換到**常用**頁次

❸ 按下**加總鈕** Σ

❺ 選擇儲存格範圍 I3：I10 後，按下**加總鈕** Σ 的話，可以求得各商品的合計

❹ 顯示每個月的合計

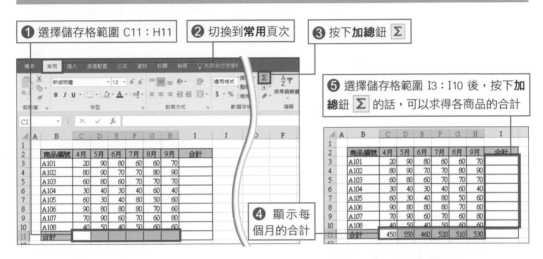

同時計算出每個月及各商品的合計

❶ 選擇儲存格範圍 B3：I11

❷ 按下**加總鈕** Σ

❸ 完成每個月及各商品的合計了

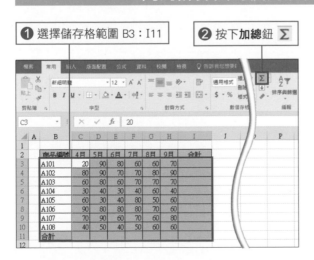

	商品編號	4月	5月	6月	7月	8月	9月	合計	
3	A101	20	90	80	60	60	70	380	
4	A102	80	90	70	70	80	90	480	
5	A103	60	80	60	70	70	70	410	
6	A104	30	40	30	40	60	40	240	
7	A105	60	30	40	80	50	60	320	
8	A106	90	80	80	70	80	60	460	
9	A107	70	90	60	70	60	80	430	
10	A108	40	50	40	50	60	60	300	
11	合計	450	550	460	520	510	530	3020	

💡 這類的計算，在**自動加總**功能中，可以將每個月及各商品的合計等全體合計同時計算出結果。

NO. 089 從公司內部英文測驗結果，快速計算出平均

要求得數值的平均，可以使用 AVERAGE 函數，利用自動加總鈕，也能自動插入
AVERAGE 函數。這裡將以英文測驗結果的「閱讀」(C 欄) 為例，計算出平均成績。

❷ 切換到**常用**頁次

❸ 按下**加總鈕** Σ 右邊的 ▼

❹ 點選**平均值**

❶ 選擇要顯示平均值的儲存格 C14

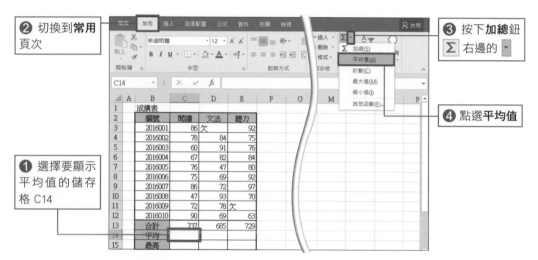

❺ 儲存格範圍 C3：C13 會以虛線方式被框住

⚠ 若參照儲存格正確的話，就不用變更選取範圍。

❻ 重新選擇不包含儲存格範圍 C13 的儲存格範圍

 在計算平均值時，若想要將非數值的儲存格視為「儲存格值為0」的話，要使用 AVERAGEA 函數。

❽ 在儲存格 C14 輸入的 AVERAGE 函數

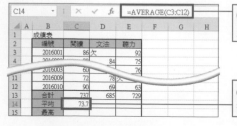

❼ 按下 Enter 鍵確定後，就會計算出平均值

NO. 090 從輸入數值的儲存格個數計算出測驗人數

要求得輸入數值資料的儲存格個數時，可以使用 COUNT 函數（空白儲存格不會被列入計算）。這裡也將利用自動加總鈕，求得接受「閱讀」測驗的人數。

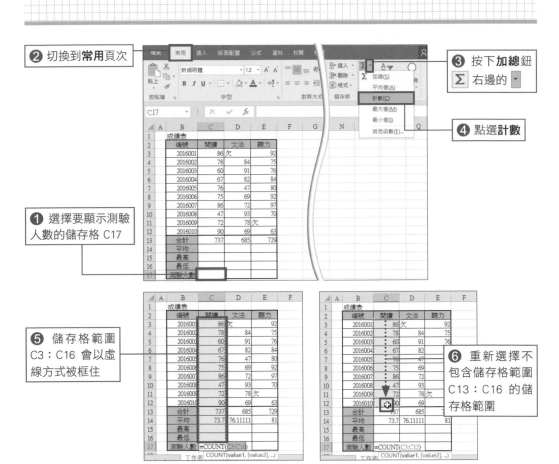

❷ 切換到**常用**頁次

❸ 按下**加總**鈕 Σ 右邊的 ▾

❹ 點選**計數**

❶ 選擇要顯示測驗人數的儲存格 C17

❺ 儲存格範圍 C3：C16 會以虛線方式被框住

❻ 重新選擇不包含儲存格範圍 C13：C16 的儲存格範圍

❼ 按下 Enter 鍵確定後，就能求得儲存格範圍 C3：C12 間輸入成績的個數，也就是接受測驗的人數

❽ 在儲存格 C17 輸入的 COUNT 函數

要計算包含數值以外的資料個數時，要使用 COUNTA 函數。

輕鬆求得指定範圍中的
最大值或最小值

想從「閱讀」測驗的成績中求得最高分。MAX 函數可以求得最大值 (MIN 函數則可以求得最小值)，這裡也將利用自動加總鈕來插入函數。

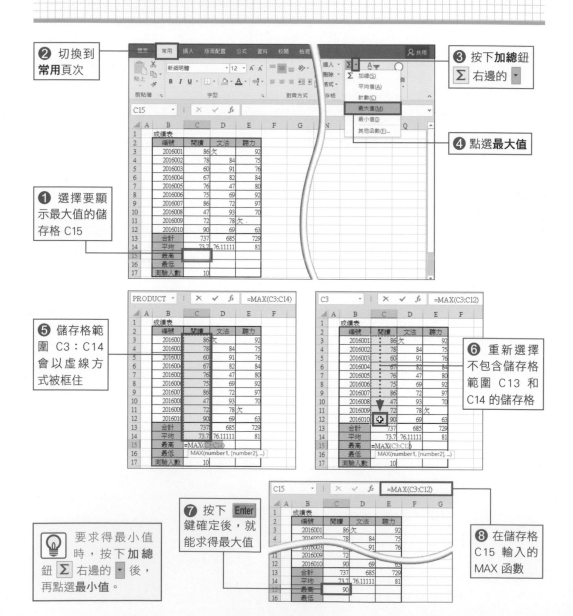

❷ 切換到**常用**頁次

❸ 按下**加總**鈕 Σ 右邊的 ▾

❹ 點選**最大值**

❶ 選擇要顯示最大值的儲存格 C15

❺ 儲存格範圍 C3：C14 會以虛線方式被框住

❻ 重新選擇不包含儲存格範圍 C13 和 C14 的儲存格

❼ 按下 Enter 鍵確定後，就能求得最大值

❽ 在儲存格 C15 輸入的 MAX 函數

> 要求得最小值時，按下**加總**鈕 Σ 右邊的 ▾ 後，再點選**最小值**。

NO. 092

如何修正公式參照的儲存格範圍？

修正公式的儲存格範圍時，公式和儲存格的指定範圍都會利用色彩來區隔。這裡，將把儲存格 C12 中儲存格範圍 C2：C10 的合計變更成 C2：C5 的合計。

6	B210	10,500	12,600	9,450	32,550
7	B220	9,500	11,400	8,550	29,450
8	B230	7,200	8,640	6,480	22,320
9	B240	4,600	5,520	4,140	14,260
10	合計	63,700	76,440	57,330	197,470
11					
12	內A製品	127,400			
13	內B製品	31,900			

❶ 選擇儲存格 C12

❷ 按下 F2 鍵後，會顯示公式參照的儲存格範圍的色彩參照

❸ 將滑鼠指標移到色彩參照右下角，變成 ↖ 後，將範圍拖移到 C5 為止

PRODUCT ✕ ✓ *fx* =SUM(C2:C10)

	A	B	C	D	E	F	G
1		商品編號	4月	5月	6月	合計	
2		A101	12,300	14,760	11,070	38,130	
3		A102	9,800	11,760	8,820	30,380	
4		A103	6,500	7,800	5,850	20,150	
5		A104	3,300	3,960	2,970	10,230	
6		B210	10,500	12,600	9,450	32,550	
7		B220	9,500	11,400	8,550	29,450	
8		B230	7,200	8,640	6,480	22,320	
9		B240	4,600	5,520	4,140	14,260	
10		合計	63,700	76,440	57,330	197,470	
11							
12		內A製品	=SUM(C2:C10)				
13		內B製品	31,900				

PRODUCT ✕ ✓ *fx* =SUM(C2:C5)

	A	B	C	D	E	F	G
1		商品編號	4月	5月	6月	合計	
2		A101	12,300	14,760	11,070	38,130	
3		A102	9,800	11,760	8,820	30,380	
4		A103	6,500	7,800	5,850	20,150	
5		A104	3,300	3,960	2,970	10,230	
6		B210	10,500	12,600	9,450	32,550	
7		B220	9,500	11,400	8,550	29,450	
8		B230	7,200	8,640	6,480	22,320	
9		B240	4,600	5,520	4,140	14,260	
10		合計	63,700	76,440	57,330	197,470	
11							
12		內A製品	=SUM(C2:C5)				
13		內B製品	31,900				

❹ 指定正確的儲存格範圍後，按下 Enter 鍵確定修正

⊕進階技巧 可以移動的色彩參照

將滑鼠指標移動到色彩參照外框上，當指標變成 後，參照範圍就能以拖曳方式移動。

商品編號	4月	5月	6月	合計
A101	12,300	14,760	11,070	38,130
A102	9,800	11,760	8,820	30,380
A103	6,500	7,800	5,850	20,150
A104		3,960	2,970	10,230
B210		12,600	9,450	32,550
B220	9,500	11,400	8,550	29,450
B230	7,200	8,640	6,480	22,320
B240	4,600	5,520	4,140	14,260

錯誤的函數名稱或運算子！如何修正公式內容？

公式中函數名稱或運算子出現錯誤時，要從「資料編輯列」中修正（直接在儲存格上快按兩下滑鼠左鍵，也能進行修正）。這裡將把輸入在儲存格 C16 的 COUNT 函數修正成 COUNTA。

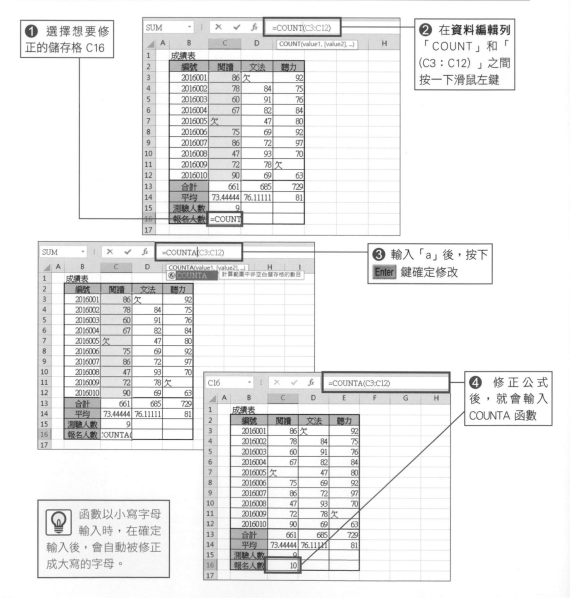

❶ 選擇想要修正的儲存格 C16

❷ 在**資料編輯列**「COUNT」和「(C3：C12)」之間按一下滑鼠左鍵

❸ 輸入「a」後，按下 Enter 鍵確定修改

❹ 修正公式後，就會輸入 COUNTA 函數

函數以小寫字母輸入時，在確定輸入後，會自動被修正成大寫的字母。

NO. 094　活用「函數引數」交談窗，修正使用函數的公式

利用「函數引數」交談窗插入各種函數時，會讓操作更簡便（請參照 6-2 頁），也能將它活用在修正函數時。這裡將修正輸入在儲存格 E2 的引數。

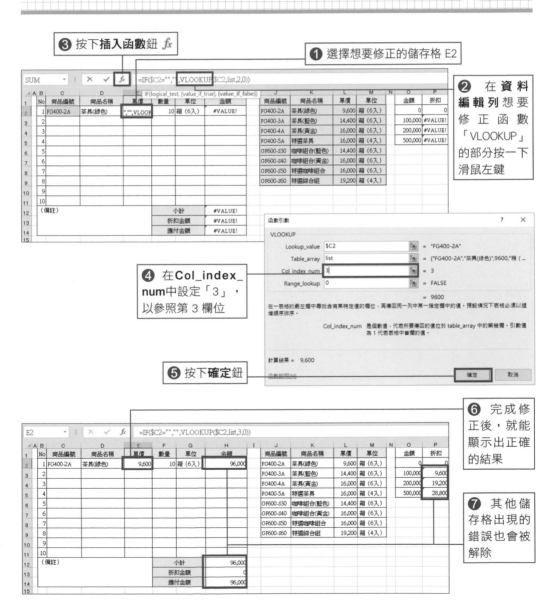

❸ 按下插入函數鈕 *fx*

❶ 選擇想要修正的儲存格 E2

❷ 在**資料編輯列**想要修正函數「VLOOKUP」的部分按一下滑鼠左鍵

❹ 在Col_index_num中設定「3」，以參照第 3 欄位

❺ 按下**確定**鈕

❻ 完成修正後，就能顯示出正確的結果

❼ 其他儲存格出現的錯誤也會被解除

NO. 095 在儲存格中顯示公式，以便同時確認內容

在表格中使用各種不同公式時，要確認公式內容會變得較費力。若能在儲存格中顯示公式內容的話，就能順利進行確認。也有只顯示特定儲存格的公式內容的方法（請參照下方『進階技巧』）。

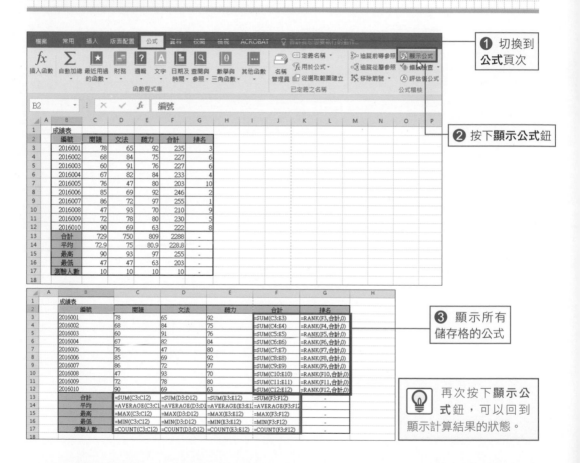

❶ 切換到公式頁次

❷ 按下顯示公式鈕

❸ 顯示所有儲存格的公式

再次按下**顯示公式**鈕，可以回到顯示計算結果的狀態。

◆進階技巧 只顯示特定儲存格的公式

若要顯示特定儲存格的公式時，只要在公式的最前面插入「'」（單引號）❶。刪除「'」就能還原成原來的顯示結果。

NO. 096 公式修正後，手動更新計算結果

在編輯表格的過程中，常會遇到公式計算結果不正確的情況。遇到這種麻煩的情況時，可以將計算方法切換成「手動」。反之，若沒有自動反應公式的計算結果，會造成困擾時，可以切換成「自動」。

切換成以設定以手動方式重新計算

❶ 切換到**公式**頁次

❷ 按下**計算選項**鈕

❸ 切換到**手動**

💡 執行的設定，只限定在這個活頁簿才有效。

利用手動方式讓整個活頁簿重新計算

❶ 選擇要手動更新的活頁簿後，切換到**公式**頁次

❷ 按下**立即計算**鈕

💡 按下 F9 鍵，也能讓整個活頁簿重新計算。

只將作業中的工作表重新計算

❶ 選擇要手動更新的工作表後，切換到**公式**頁次

❷ 按下**計算工作表**鈕

💡 按下 Shift + F9 鍵，能讓作業中的工作表重新計算。

參照其他工作表的計算結果製作資料

編輯資料時，常常會遇到要參照在相同活頁簿中，不同工作表數值的情況。雖然可以利用複製的方式，但當原來資料變更時，也能自動更新的話會更方便。

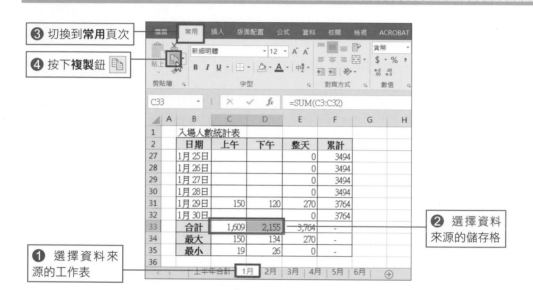

❸ 切換到**常用**頁次

❹ 按下**複製**鈕

❷ 選擇資料來源的儲存格

❶ 選擇資料來源的工作表

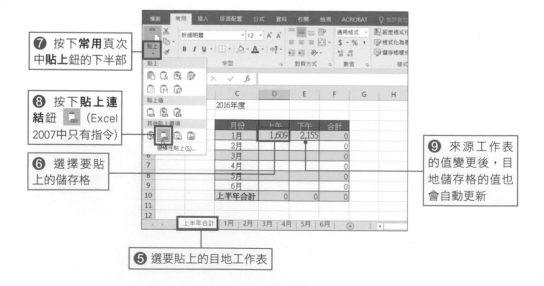

❼ 按下**常用**頁次中**貼上**鈕的下半部

❽ 按下**貼上連結**鈕（Excel 2007中只有指令）

❻ 選擇要貼上的儲存格

❾ 來源工作表的值變更後，目地儲存格的值也會自動更新

❺ 選要貼上的目地工作表

NO. 098 已接受 Excel 檔案 參照其他工作表

每次開啟設定參照其他活頁簿的 Excel 檔案,都會出現安全性警告訊息。基本上就算連結的來源活頁簿資料變更的話, Excel 檔案內容也不會自動更新,因此,這裡將以解除連結方式處理。

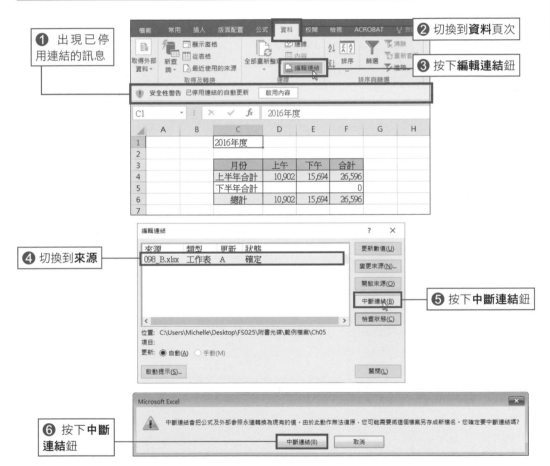

① 出現已停用連結的訊息

② 切換到資料頁次

③ 按下編輯連結鈕

④ 切換到來源

⑤ 按下中斷連結鈕

⑥ 按下中斷連結鈕

⊙進階技巧 更新活頁簿的連結

要更新連結活頁簿時,按下安全性警告訊息列中的啟用內容鈕。在 Excel 2007中,按下選項鈕,然後在開啟的Microsoft Office安全性選項交談窗中,切換到啟用這個內容,接著按下確定鈕。

NO. 099 只想使用計算結果，
但卻連公式一起複製？

想要將計算過的資料製作成文件報告等，會遇到只想使用計算結果的情況。這裡，將
利用函數求得排名為例，說明將排名只以數值，貼到其他儲存格的操作方法。

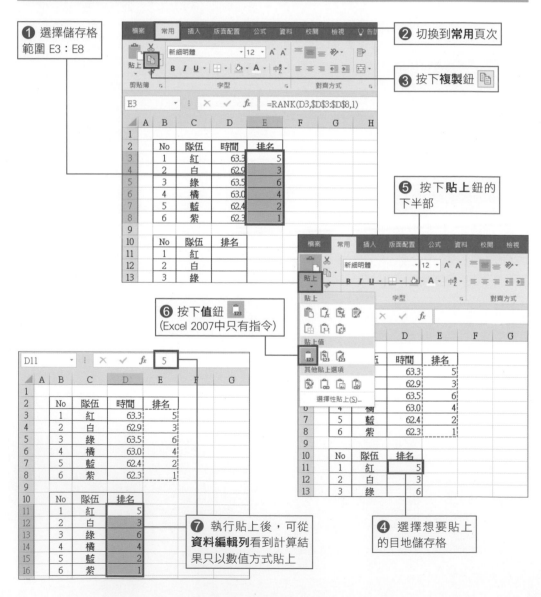

① 選擇儲存格
範圍 E3：E8

② 切換到**常用**頁次

③ 按下**複製**鈕

⑤ 按下**貼上**鈕的
下半部

⑥ 按下**值**鈕
(Excel 2007中只有指令)

④ 選擇想要貼上
的目地儲存格

⑦ 執行貼上後，可從
資料編輯列看到計算結
果只以數值方式貼上

NO. 100 將輸入在多個儲存格的資料，合併成單一儲存格的技巧

地址資料分割成區域及路名巷弄號碼等 2 個儲存格，要將它們結合成單一儲存格時，可以使用「&」來連結儲存格參照。另外，可以參照 3-21 頁中介紹將資料分割的操作方法。

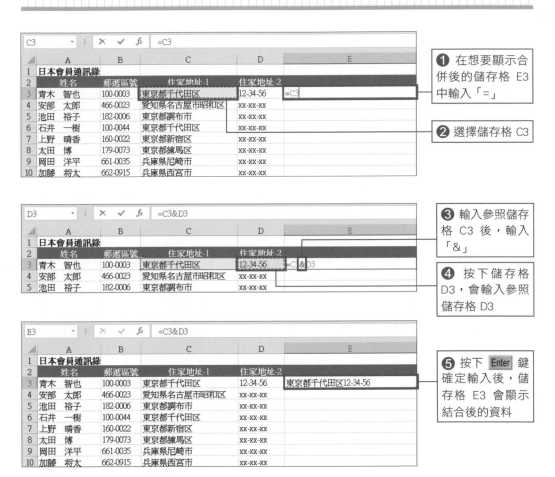

❶ 在想要顯示合併後的儲存格 E3 中輸入「=」

❷ 選擇儲存格 C3

❸ 輸入參照儲存格 C3 後，輸入「&」

❹ 按下儲存格 D3，會輸入參照儲存格 D3

❺ 按下 Enter 鍵確定輸入後，儲存格 E3 會顯示結合後的資料

⬆進階技巧 也可以使用 CONCATENATE 函數

資料的連結也可以利用 CONCATENATE 函數來完成。使用此函數時，其格式的引數指定為「=CONCATENATE（字串1,字串2…）」，例如，「=CONCATENATE（C3,D3）」。

NO. 101 在作用中工作表整合多個工作表中的資料，並做資料加總

要將多個工作表的資料合計到編輯中的工作表時，是需要技巧的。這裡將把 1~6 月的工作表資料，整合到「上半年合計」資料表中。另外，資料要事先輸入在不同工作表的相同儲存格中。

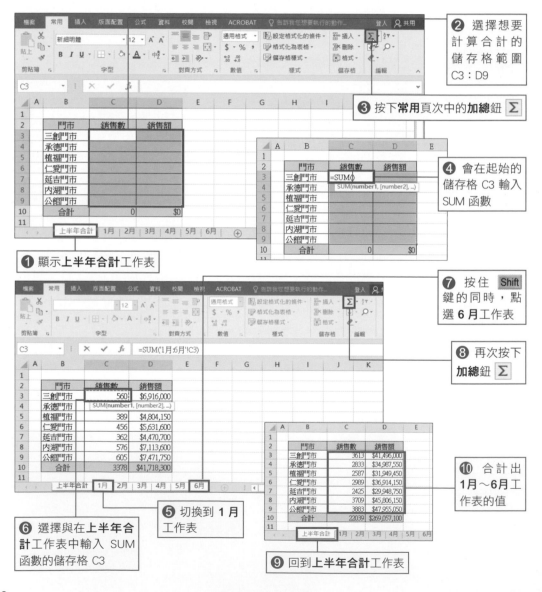

② 選擇想要計算合計的儲存格範圍 C3：D9

③ 按下常用頁次中的加總鈕 Σ

④ 會在起始的儲存格 C3 輸入 SUM 函數

① 顯示上半年合計工作表

⑦ 按住 Shift 鍵的同時，點選 6 月工作表

⑧ 再次按下加總鈕 Σ

⑩ 合計出 1月～6月工作表的值

⑨ 回到上半年合計工作表

⑥ 選擇與在上半年合計工作表中輸入 SUM 函數的儲存格 C3

⑤ 切換到 1 月工作表

第 **6** 章

讓複雜的作業變成
結構化函數技巧

想要進行複雜的資料處理時，更應該使用「函數」。 Excel 中有
非常多的函數可以使用，而這裡將介紹具代表性的函數。如將數
值四捨五入、依指定條件變換處理方法、參照其他表格資料等。

NO. 102 記住函數輸入的基本操作

Excel 中有許多有助於商業文件編輯的函數。首先,了解函數使用的基本方法吧!這裡
將介紹輸入 PRODUCT 函數,並指定引數 (單價與銷售數) 相乘的方法。

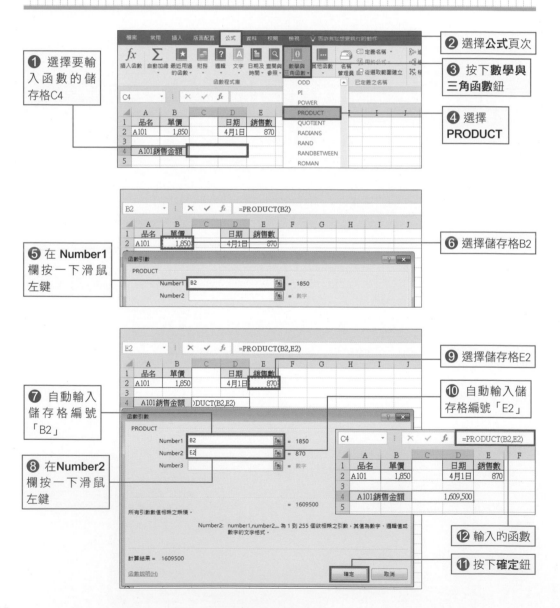

① 選擇要輸入函數的儲存格C4

② 選擇**公式**頁次

③ 按下**數學與三角函數**鈕

④ 選擇 PRODUCT

⑤ 在 Number1 欄按一下滑鼠左鍵

⑥ 選擇儲存格B2

⑦ 自動輸入儲存格編號「B2」

⑧ 在Number2 欄按一下滑鼠左鍵

⑨ 選擇儲存格E2

⑩ 自動輸入儲存格編號「E2」

⑪ 按下**確定**鈕

⑫ 輸入的函數

NO. 103 在儲存格中直接輸入已熟悉的函數！

若已經記住函數使用方法的話，直接在儲存格中輸入可以提升效率。Excel 具有自動完成功能，因此在「=」後接著輸入函數，函數可以自動完成輸入。這裡將介紹插入 PRODUCT 函數的方法。

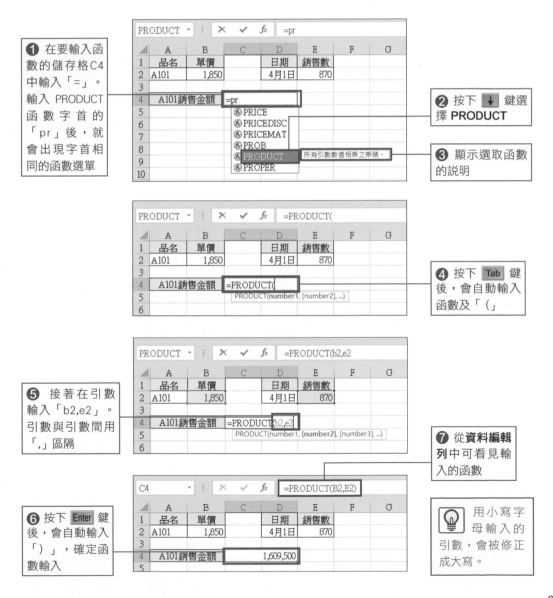

❶ 在要輸入函數的儲存格C4中輸入「=」。輸入 PRODUCT 函數字首的「pr」後，就會出現字首相同的函數選單

❷ 按下 ↓ 鍵選擇 **PRODUCT**

❸ 顯示選取函數的說明

❹ 按下 Tab 鍵後，會自動輸入函數及「(」

❺ 接著在引數輸入「b2,e2」。引數與引數間用「,」區隔

❻ 按下 Enter 鍵後，會自動輸入「)」，確定函數輸入

❼ 從**資料編輯**列中可看見輸入的函數

💡 用小寫字母輸入的引數，會被修正成大寫。

NO. 104 將函數的計算結果指定成引數！符合條件的話就加總出結果

函數的引數可以指定成其他函數（稱為巢狀）。這裡，當儲存格 B4 輸入資料（型號）後，儲存格 E4：E6 的合計金額就會顯示在儲存格 E1 中。要完成這樣的動作，必需將 SUM 函數指定成 IF 函數的引數。

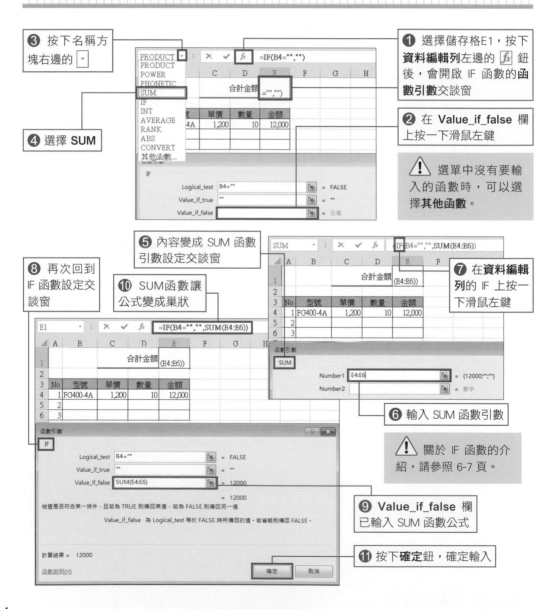

❸ 按下名稱方塊右邊的 ▼

❹ 選擇 SUM

❶ 選擇儲存格E1，按下**資料編輯列**左邊的 *fx* 鈕後，會開啟 IF 函數的**函數引數**交談窗

❷ 在 Value_if_false 欄上按一下滑鼠左鍵

⚠ 選單中沒有要輸入的函數時，可以選擇**其他函數**。

❺ 內容變成 SUM 函數引數設定交談窗

❽ 再次回到 IF 函數設定交談窗

❿ SUM函數讓公式變成巢狀

❼ 在**資料編輯列**的 IF 上按一下滑鼠左鍵

❻ 輸入 SUM 函數引數

⚠ 關於 IF 函數的介紹，請參照 6-7 頁。

❾ Value_if_false 欄已輸入 SUM 函數公式

⓫ 按下**確定**鈕，確定輸入

6-4

NO. 105

在報告中輸入日期或時間！
顯示目前日期的方法

輸入顯示當下日期或時間的函數後，就能一直顯示文件開啟的日期。例如，將今天的業務內容整理成報告時，就不用每次去修改輸入的日期，在工作上也能提高效率。

② 選擇**公式**頁次

③ 按下**日期及時間**鈕

① 選擇 H2 儲存格

④ 選擇 TODAY

⑤ 不需要設定引數，因此直接按下**確定**鈕

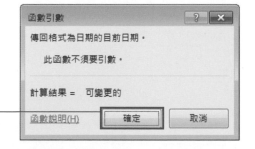

函數引數

傳回格式為日期的目前日期。

　此函數不須要引數。

計算結果 ＝ 可變更的

函數說明(H)　　　確定　　　取消

要顯示現在的時間，依照同樣的操作方法輸入 NOW 函數。

⑥ 顯示今天的日期

H2　　fx　=TODAY()

			報　價　單				
							2016/11/5
	No	商品編號	商品名稱	單價	數量	單位	金額
	1	GF600-S30	咖啡組合(藍色)	14,400	2	箱（6入）	28,800
	2	GF600-S50	特選咖啡組合	16,000	5	箱（6入）	80,000
	3						

麻煩的事就交給 Excel！
利用函數將數值四捨五入

覺得四捨五入的計算很困難嗎？要先判斷數值是 4 以下或是 5 以上，然後在要捨去或進位的動作，其實是很麻煩旳。這裡將介紹使用 ROUND 函數，將數值四捨五入後，求得整數位數的方法。

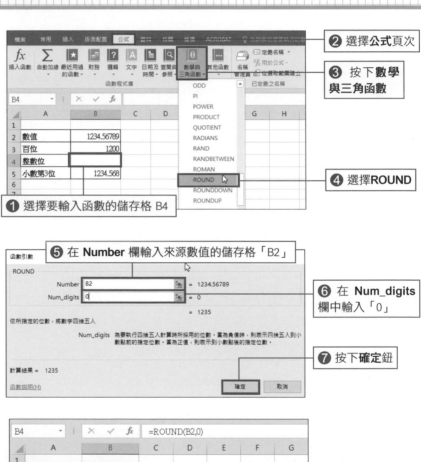

❷ 選擇公式頁次

❸ 按下**數學與三角函數**

❹ 選擇ROUND

❶ 選擇要輸入函數的儲存格 B4

❺ 在 **Number** 欄輸入來源數值的儲存格「B2」

❻ 在 **Num_digits** 欄中輸入「0」

❼ 按下**確定鈕**

ROUND

| Number | B2 | = 1234.56789 |
| Num_digits | 0 | = 0 |

= 1235

依所指定的位數，將數字四捨五入

Num_digits 為要執行四捨五入計算時所採用的位數。當為負值時，則表示四捨五入到小數點前的指定位數。當為正值，則表示到小數點後的指定位數。

計算結果 = 1235

函數說明(H)

B4   =ROUND(B2,0)

	A	B
2	數值	1234.56789
3	百位	1200
4	整數位	1235
5	小數第3位	1234.568

❽ 顯示在整數位四捨五入後的數值

💡 在 Num_digits 欄中輸入「-1」的話，會在十位數進行四捨五入。輸入「1」的話，則會在第一位小數位進行四捨五入。

NO. 107　依照指定條件變換處理方式！若為「男」則計算標準體重，若為「女」顯示「☆」

在 6-4 頁已經出現過，要依照條件來變換處理方法的情況下要使用 IF 函數。這裡將介紹如何指定當性別為「男」時，就從身高計算出標準體重，若為「女」時，就只顯示「☆」的方法。

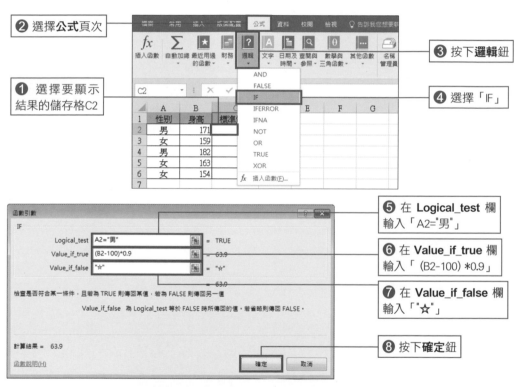

❷ 選擇公式頁次

❸ 按下**邏輯**鈕

❶ 選擇要顯示結果的儲存格C2

❹ 選擇「IF」

	A	B	C	D	E	F	G
1	性別	身高	標準				
2	男	171					
3	女	159					
4	男	182					
5	女	163					
6	女	154					

❺ 在 Logical_test 欄輸入「A2="男"」

❻ 在 Value_if_true 欄輸入「(B2-100)*0.9」

❼ 在 Value_if_false 欄輸入「"☆"」

Logical_test　A2="男"　= TRUE
Value_if_true　(B2-100)*0.9　= 63.9
Value_if_false　"☆"　= "☆"

檢查是否符合某一條件，且若為 TRUE 則傳回某值，若為 FALSE 則傳回另一值。

Value_if_false　為 Logical_test 等於 FALSE 時所傳回的值。若省略則傳回 FALSE。

計算結果 = 63.9

❽ 按下**確定**鈕

C2 =IF(A2="男",(B2-100)*0.9,"☆")

	A	B	C	D	E	F	G
1	性別	身高	標準體重				
2	男	171	63.9				
3	女	159	☆				
4	男	182	73.8				
5	女	163	☆				
6	女	154	☆				

 指定字串時，要用「""」將字串框住。

❾ 在儲存格 C2 輸入公式後，將公式往下複製到儲存格 C6，以顯示結果

希望輸入商品型號就自動列出商品名稱

商品的型號、商品名稱、單價等資訊整合在「商品資料」表格的情況下,若能在請款單中輸入型號,就能從該表格中取得相對的產品名稱。這樣的需求可以使用 VLOOKUP 函數來完成。

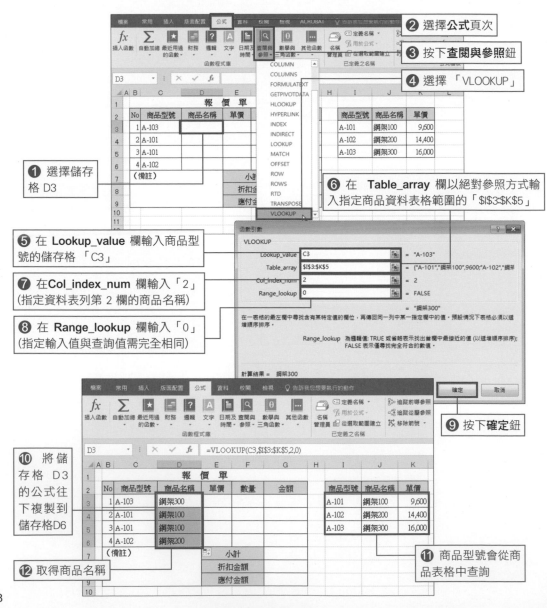

❷ 選擇公式頁次

❸ 按下查閱與參照鈕

❹ 選擇 「VLOOKUP」

❶ 選擇儲存格 D3

❻ 在 Table_array 欄以絕對參照方式輸入指定商品資料表格範圍的「$I$3:$K$5」

❺ 在 Lookup_value 欄輸入商品型號的儲存格 「C3」

❼ 在Col_index_num 欄輸入「2」(指定資料列第 2 欄的商品名稱)

❽ 在 Range_lookup 欄輸入「0」(指定輸入值與查詢值需完全相同)

❾ 按下確定鈕

❿ 將儲存格 D3 的公式往下複製到儲存格D6

⓫ 商品型號會從商品表格中查詢

⓬ 取得商品名稱

NO. 109

用 SUM 函數就能直接計算出 單價 × 數量的銷售總金額！

在有商品單價及銷售數的表格中，要計算出銷售金額時，通常會先計算出各商品的銷售額後，再算出合計。這裡只要使用 SUM 函數和快速鍵的組合，就能直接計算出結果。

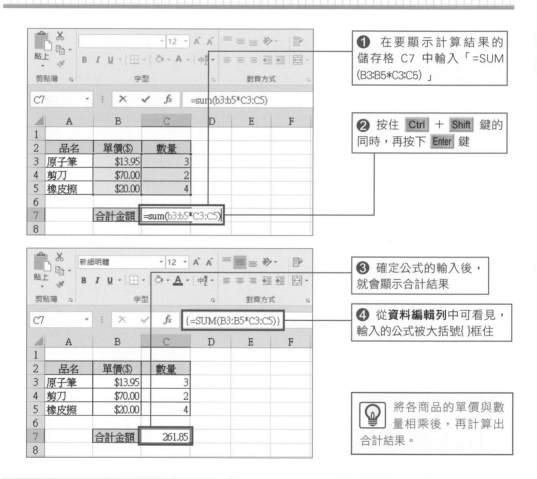

❶ 在要顯示計算結果的儲存格 C7 中輸入「=SUM (B3:B5*C3:C5)」

❷ 按住 Ctrl + Shift 鍵的同時，再按下 Enter 鍵

❸ 確定公式的輸入後，就會顯示合計結果

❹ 從**資料編輯列**中可看見，輸入的公式被大括號{ }框住

💡 將各商品的單價與數量相乘後，再計算出合計結果。

↑ 進階技巧 ｜ **確認這裡的操作執行意義**

這裡先將儲存格 B3：B5 的值與儲存格 C3：C5 的值相乘後，再求得合計。但若像平常一樣只按下 Enter 鍵的話，則無法計算出正確結果。按住 Ctrl + Shift 鍵的同時，再按下 Enter 鍵確定輸入後，公式會變成陣列公式 (整個公式內容會被{ }框住)。

MEMO

第 7 章

在圖表中展現
說服力的實踐技巧

努力整理好的調查結果，只用數字排列的表格來呈現的話，可能
會讓人無法掌握重點。若使用圖表的話，除了可以讓對方產生
興趣外，資料也會更有說服力。在商業中，可以使用較有效果的
圖表編輯方法。

NO. 110 提升資料的説服力！記住圖表的基本操作

商業文件中，在大部分的情況下，比起利用數字呈現，使用圖表來說明資料會更容易理解。這裡將說明圖表製作的基本操作。下一頁以後將介紹自訂表格的方法。

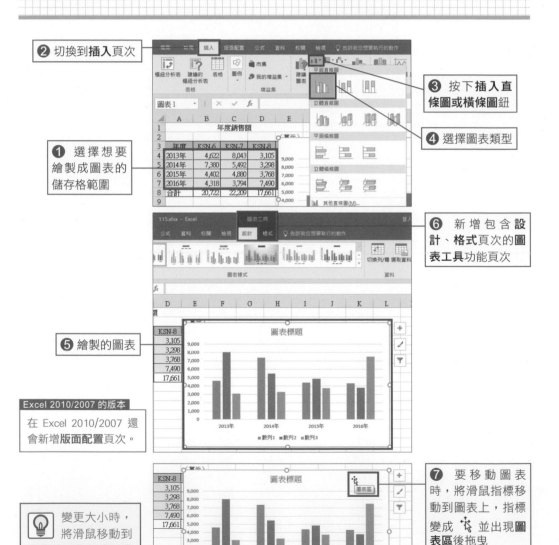

❷ 切換到**插入**頁次

❸ 按下**插入直條圖或橫條圖**鈕

❹ 選擇圖表類型

❶ 選擇想要繪製成圖表的儲存格範圍

❻ 新增包含**設計、格式**頁次的**圖表工具**功能頁次

❺ 繪製的圖表

Excel 2010/2007 的版本
在 Excel 2010/2007 還會新增**版面配置**頁次。

變更大小時，將滑鼠移動到圖表的四個角或四邊的中間控點上，當指標變成如➤後拖曳。

❼ 要移動圖表時，將滑鼠指標移動到圖表上，指標變成 ✥ 並出現**圖表區**後拖曳

NO. 111

依內容選擇適合的圖表類型！將直條圖變更成折線圖

圖表中有許多類型可供選擇，繪製後也可以再變更。一般而言，直條圖是用來比較數值大小、折線圖則可以知道數值；的變化、圓形圖則可以掌握全體資料的比率。

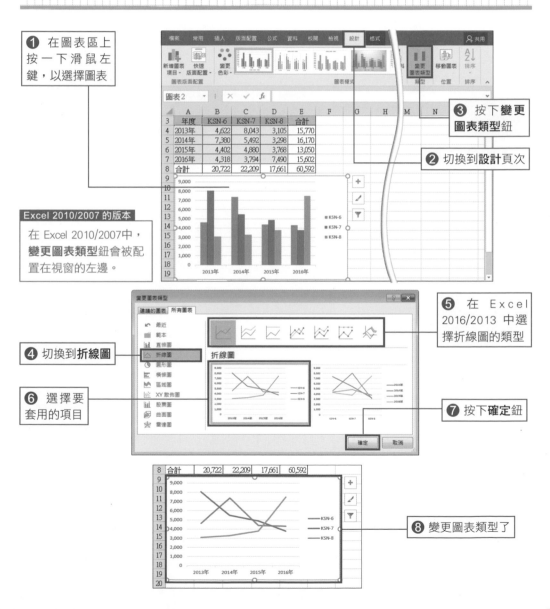

❶ 在圖表區上按一下滑鼠左鍵，以選擇圖表

Excel 2010/2007 的版本

在 Excel 2010/2007中，**變更圖表類型**鈕會被配置在視窗的左邊。

❸ 按下**變更圖表類型**鈕

❷ 切換到**設計**頁次

❺ 在 Excel 2016/2013 中選擇折線圖的類型

❹ 切換到**折線圖**

❻ 選擇要套用的項目

❼ 按下**確定**鈕

❽ 變更圖表類型了

想要變更圖表的資料範圍!

繪製後的圖表,可以變更數值資料參照的範圍。變更時,會使用 5-13 頁介紹的色彩參照。每次變更範圍時,圖表也會自動更新。

❶ 在圖表區上按一下滑鼠左鍵,以選擇圖表

❷ 顯示圖表資料範圍的色彩參照,將滑鼠指標動到右下角的控點上,指標變成 ↘ 後拖曳

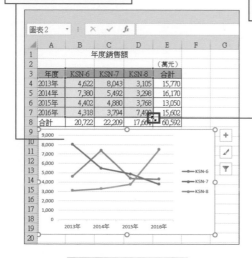

❸ 這裡將色彩參照的範圍變更成單一欄位

❻ 移動色彩參照範圍

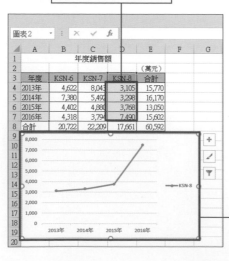

❹ 圖表的資料數列也會更新成只剩單一數列

❺ 資料範圍可以直接移動。將滑鼠指標移動到色彩參照的邊線上,指標變成 ⊹ 後拖曳

❼ 圖表也會自動更新

NO. 113 因應需求在圖表中新增資料

完成圖表的製作後，主管指示要新增資料⋯⋯。這個情況在商業文件中也經常會遇到。這時，只要將複製的數值資料貼到圖表中，就能在圖表中新增。

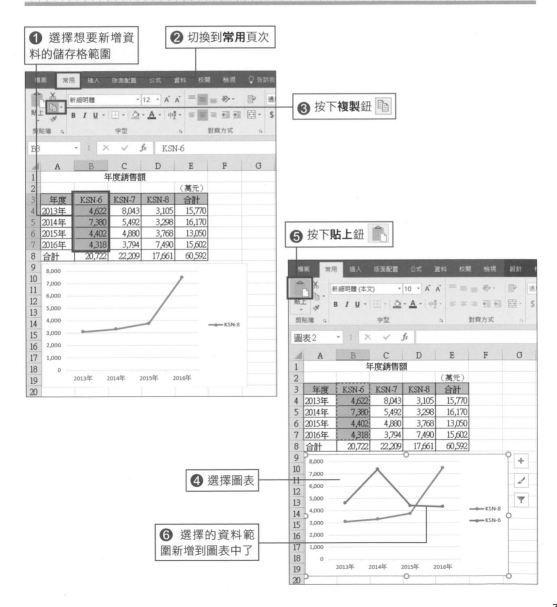

❶ 選擇想要新增資料的儲存格範圍

❷ 切換到**常用**頁次

❸ 按下**複製**鈕

❺ 按下**貼上**鈕

❹ 選擇圖表

❻ 選擇的資料範圍新增到圖表中了

NO. 114
只想單獨顯示圖表，可將圖表移動到其他工作表

編輯完成的圖表，會與數值資料顯示在同一工作表中，若想要將圖表顯示在其他工作表時，可以利用「移動圖表」來完成。這裡將介紹把圖表移動到新工作表的方法。

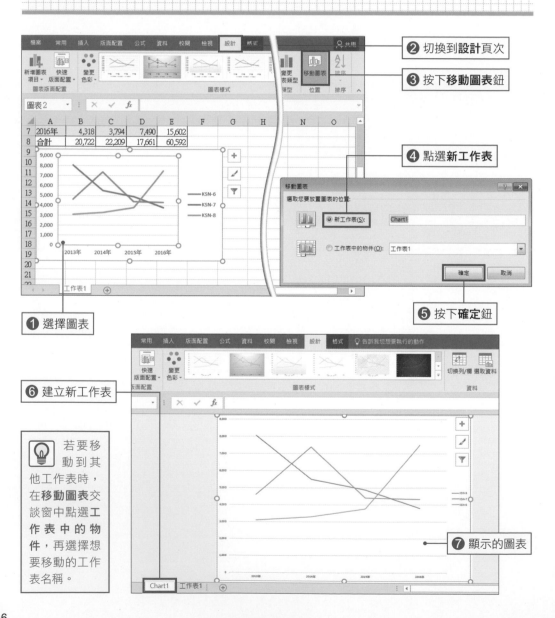

② 切換到**設計**頁次

③ 按下**移動圖表**鈕

④ 點選**新工作表**

① 選擇圖表

⑤ 按下**確定**鈕

⑥ 建立新工作表

💡 若要移動到其他工作表時，在**移動圖表**交談窗中點選**工作表中的物件**，再選擇想要移動的工作表名稱。

⑦ 顯示的圖表

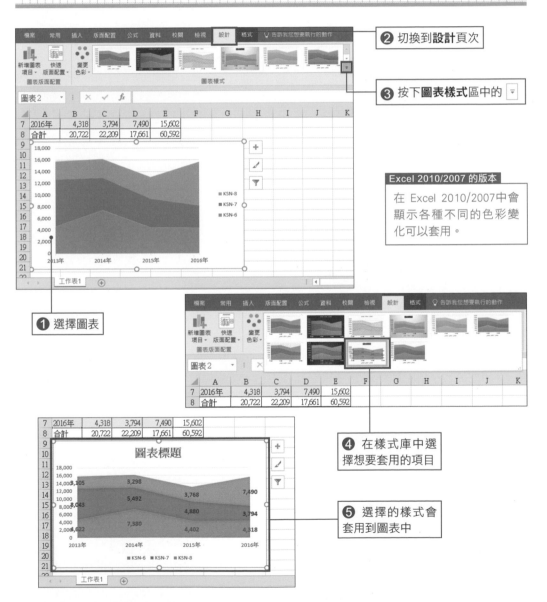

NO. 115 變更圖表樣式以配合文件版面設計

依文件的版面設計,將圖表的配色或形狀變更成符合版面的設計,可以製作出更具專業感的商業文件。不需要太多特別的設計,選擇讓大家能容易理解的樣式即可。

② 切換到**設計**頁次

③ 按下**圖表樣式**區中的

Excel 2010/2007 的版本

在 Excel 2010/2007中會顯示各種不同的色彩變化可以套用。

① 選擇圖表

④ 在樣式庫中選擇想要套用的項目

⑤ 選擇的樣式會套用到圖表中

NO. 116

整合設定圖表外觀，以確實傳達資訊

剛繪製完成的圖表，只會顯示基本資料，但要思考如何顯示圖表的各個項目（參照 7-11 頁），如圖表樣式、數列標籤、圖例等，若覺得逐項設定很麻煩的話，可以從「快速版面配置」選單中選擇。

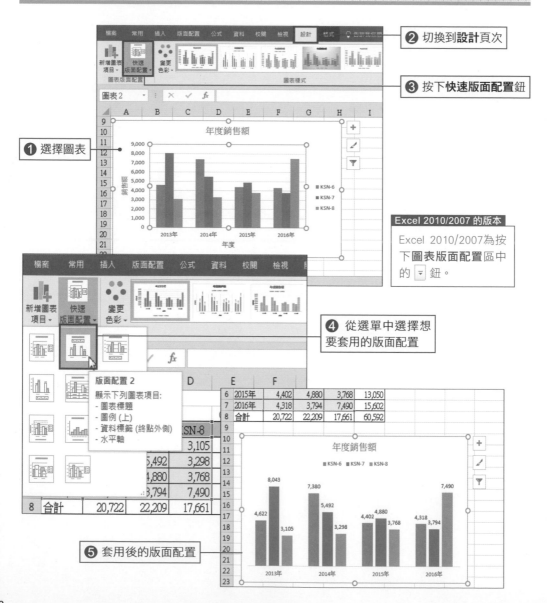

❷ 切換到**設計**頁次

❸ 按下**快速版面配置**鈕

❶ 選擇圖表

Excel 2010/2007 的版本

Excel 2010/2007為按下**圖表版面配置**區中的 ▼ 鈕。

❹ 從選單中選擇想要套用的版面配置

版面配置 2
顯示下列圖表項目：
- 圖表標題
- 圖例（上）
- 資料標籤（終點外側）
- 水平軸

❺ 套用後的版面配置

NO. 117 顯示水平與垂直座標軸內容，讓圖表更易懂

剛繪製好的圖表不會顯示水平或垂直座標軸資料**資訊**，新增「座標軸標題」能讓人更容易理解。這裡將以 Excel 2016/2013為例來說明，Excel 2010/2007 請參照最下方的說明。

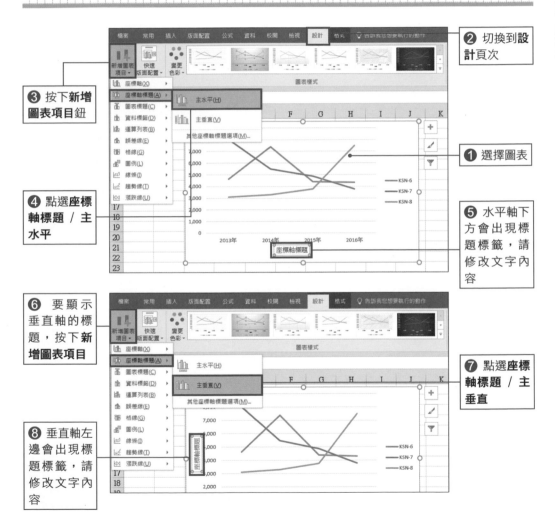

② 切換到**設計**頁次

③ 按下**新增圖表項目**鈕

④ 點選**座標軸標題 / 主水平**

① 選擇圖表

⑤ 水平軸下方會出現標題標籤，請修改文字內容

⑥ 要顯示垂直軸的標題，按下**新增圖表項目**

⑦ 點選**座標軸標題 / 主垂直**

⑧ 垂直軸左邊會出現標題標籤，請修改文字內容

Excel 2010/2007 的版本

Excel 2010/2007 為按下**版面配置**頁次中的**座標軸標題**鈕。配置水平軸標題時，切換到**主水平軸標題 / 座標軸下方的標題**。配置垂直軸標題時，切換到**主垂直軸標題 / 垂直標題**。

將圖表的圖例移到適合的位置

圖例是指如直條圖中每個直條所代表的內容說明。在此介紹將圖例移到能清楚看見的
位置。在 Excel 2016/2013/2010/2007 中的操作方法皆有些許不同，在操作時請注意。

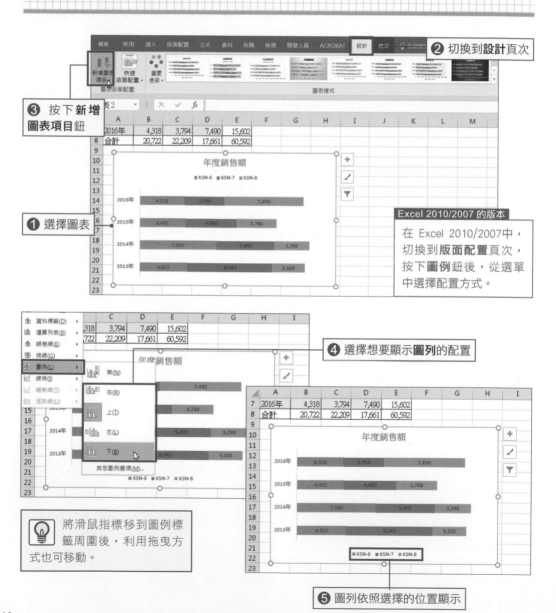

❷ 切換到**設計**頁次

❸ 按下**新增
圖表項目**鈕

❶ 選擇圖表

Excel 2010/2007 的版本

在 Excel 2010/2007中，
切換到**版面配置**頁次，
按下**圖例**鈕後，從選單
中選擇配置方式。

❹ 選擇想要顯示**圖列**的配置

將滑鼠指標移到圖例標
籤周圍後，利用拖曳方
式也可移動。

❺ 圖列依照選擇的位置顯示

NO. 119 編輯時不可欠缺的基本操作！選擇圖表項目

圖表是由圖表區、座標軸標題、圖例等各種項目所構成的。要自訂顯示各種項目時，要利用滑鼠做選擇。這個設定在操作上有些特別的技巧，因此在這加以說明。

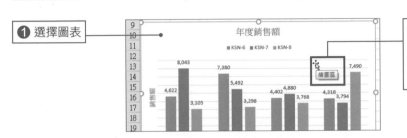

① 選擇圖表

② 將滑鼠移動到圖表項目上方後，就會顯示項目名稱，確定後按下滑鼠左鍵

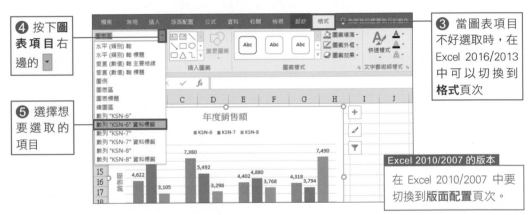

④ 按下**圖表項目**右邊的 ▾

⑤ 選擇想要選取的項目

③ 當圖表項目不好選取時，在 Excel 2016/2013 中可以切換到**格式**頁次

Excel 2010/2007 的版本

在 Excel 2010/2007 中要切換到**版面配置**頁次。

⊕ 進階技巧 圖表各區域名稱

圖表的主要項目名稱如右圖。

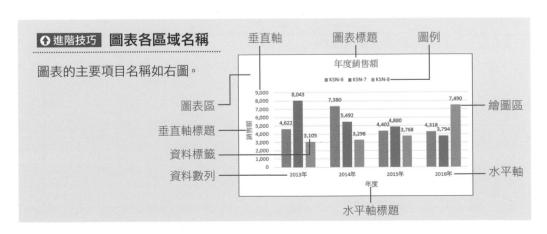

垂直軸　　圖表標題　　圖例

圖表區

垂直軸標題

資料標籤

資料數列

繪圖區

水平軸

水平軸標題

顯示垂直格線以便區別資料

假設在已繪製直條圖的情況下，基本上會顯示水平格線，另外，也可以利用垂直格線來區隔各圖表項目。當圖表讓人覺得無法清楚區隔時，可以試試看這個方法。

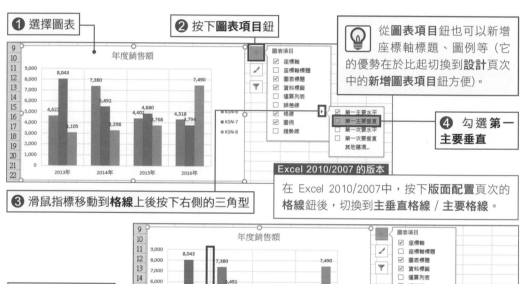

❶ 選擇圖表

❷ 按下**圖表項目**鈕

從**圖表項目**鈕也可以新增座標軸標題、圖例等（它的優勢在於比起切換到**設計**頁次中的**新增圖表項目**鈕方便）。

❹ 勾選**第一主要垂直**

❸ 滑鼠指標移動到**格線**上後按下右側的三角型

Excel 2010/2007 的版本

在 Excel 2010/2007中，按下**版面配置**頁次的**格線**鈕後，切換到**主垂直格線** / **主要格線**。

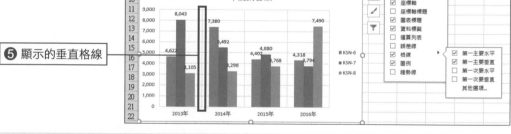

❺ 顯示的垂直格線

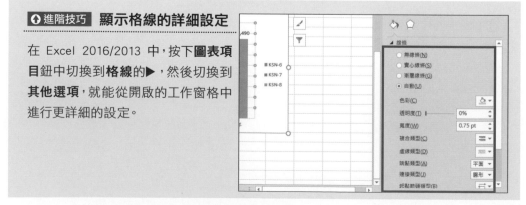

⬆進階技巧 顯示格線的詳細設定

在 Excel 2016/2013 中，按下**圖表項目**鈕中切換到**格線**的▶，然後切換到**其他選項**，就能從開啟的工作窗格中進行更詳細的設定。

NO. 121 讓大數值能一目了然！將垂直軸的單位設成100萬

假設在圖表的垂直軸中顯示「1,000,000」的話，無法讓人一看就懂，這樣的情況，反而無法凸顯圖表的視覺性。這裡將介紹把顯示單位設定成「100」萬的方法。

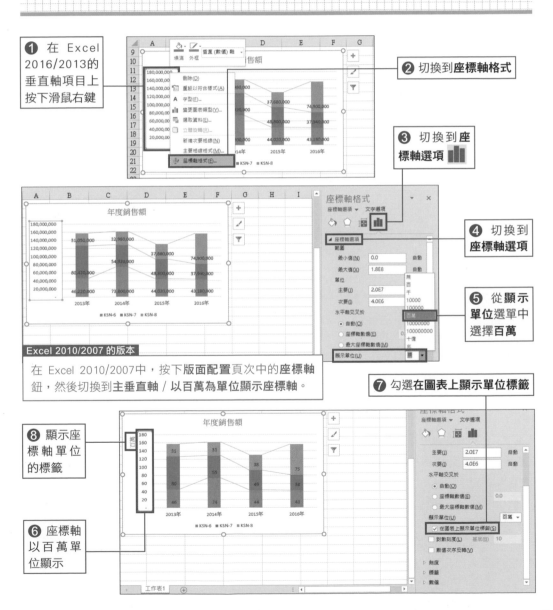

① 在 Excel 2016/2013的垂直軸項目上按下滑鼠右鍵

② 切換到**座標軸格式**

③ 切換到**座標軸選項**

④ 切換到**座標軸選項**

⑤ 從**顯示單位**選單中選擇**百萬**

Excel 2010/2007 的版本

在 Excel 2010/2007中，按下版面配置頁次中的**座標軸**鈕，然後切換到**主垂直軸 / 以百萬為單位顯示座標軸**。

⑦ 勾選**在圖表上顯示單位標籤**

⑧ 顯示座標軸單位的標籤

⑥ 座標軸以百萬單位顯示

NO. 122 將編輯好的圖表格式 儲存成範本，以便重複使用

利用到目前為止所介紹的技巧，可將編輯完成的圖表格式儲存成範本。範本可以在其他地方重複使用，因此之後可以讓資料編輯更省力。

儲存圖表格式

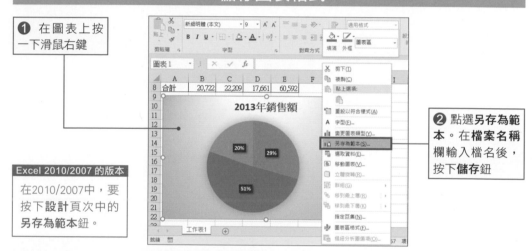

❶ 在圖表上按一下滑鼠右鍵

❷ 點選**另存為範本**。在**檔案名稱**欄輸入檔名後，按下**儲存**鈕

Excel 2010/2007 的版本

在2010/2007中，要按下**設計**頁次中的**另存為範本**鈕。

套用儲存的圖表格式

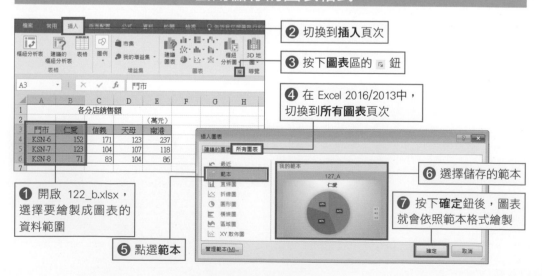

❷ 切換到**插入**頁次

❸ 按下**圖表**區的 ⌐ 鈕

❹ 在 Excel 2016/2013中，切換到**所有圖表**頁次

❻ 選擇儲存的範本

❼ 按下**確定**鈕後，圖表就會依照範本格式繪製

❶ 開啟 122_b.xlsx，選擇要繪製成圖表的資料範圍

❺ 點選**範本**

NO. 123

在表格旁繪製小圖表！
以確認資料走勢

Excel 2016/2013/2010/2007 中有「走勢圖」功能，它能讓小圖表顯示在儲存格中。將小圖表顯示在表格旁邊的話，就可以馬上確認資料的走向或最大值、最小值。

❶ 選擇想要顯示走勢圖的儲存格

❷ 切換到插入頁次

❸ 按下折線圖鈕

❺ 在資料範圍會顯示選擇的儲存格範圍

❻ 在位置範圍會顯示走勢圖顯示的儲存格

❹ 以拖曳方式選擇要繪製成圖表的儲存格

❼ 按下確定鈕

❽ 顯示的小圖表

❾ 以拖曳方式往下複製

讓欠缺數值資料的折線圖圖表相連在一起

當出現沒有統計到的數值資料，儲存格以空白顯示的情況下，所繪製出來的折線圖，其線條會被切斷，也會讓圖表顯得不美觀。這時，可以將折線圖的線條設定成相連。

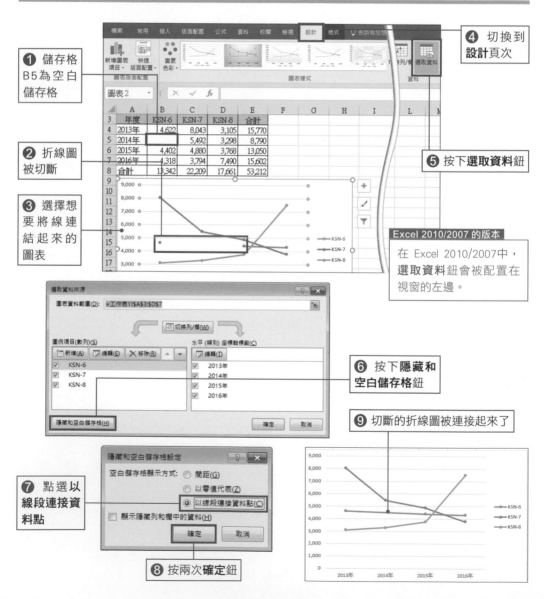

❶ 儲存格 B5為空白儲存格

❷ 折線圖被切斷

❸ 選擇想要將線連結起來的圖表

❹ 切換到 **設計**頁次

❺ 按下**選取資料**鈕

Excel 2010/2007 的版本

在 Excel 2010/2007中，**選取資料**鈕會被配置在視窗的左邊。

❻ 按下**隱藏和空白儲存格**鈕

❼ 點選以線段連接資料點

❽ 按兩次**確定**鈕

❾ 切斷的折線圖被連接起來了

第 **8** 章

有助於資料整理的
便利技巧

常遇到將好不容易製作好的資料列印出來後，卻與預想的不同。特別是想要確認是否可以正確顯示在同一頁面。為了讓資料更容易閱讀，需要利用一些操作技巧，同時也可以提升文件的完成度。

NO. 125 | 列印資料前一定要用預覽列印做最後確認

列印文件前,請利用預覽列印來確認列印結果。最常遇到表格中的部分資料會列印在下一頁,或是儲存格內的資料無法完全顯示。為了節省成本,請避免不必要的浪費。

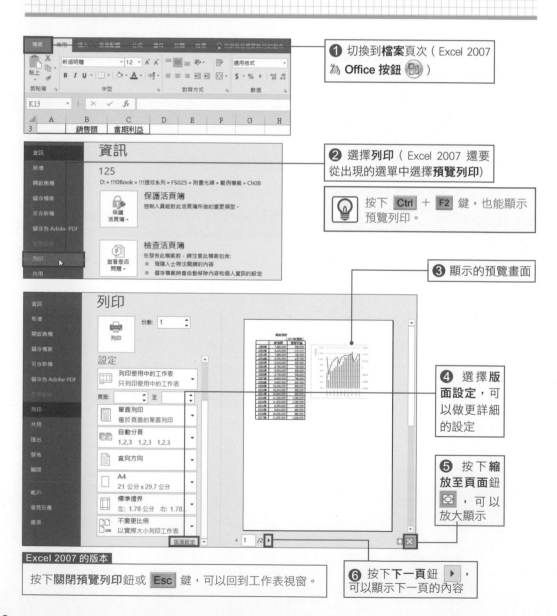

❶ 切換到**檔案**頁次(Excel 2007 為 **Office 按鈕**)

❷ 選擇**列印**(Excel 2007 還要從出現的選單中選擇**預覽列印**)

💡 按下 Ctrl + F2 鍵,也能顯示預覽列印。

❸ 顯示的預覽畫面

❹ 選擇**版面設定**,可以做更詳細的設定

❺ 按下**縮放至頁面**鈕 ,可以放大顯示

Excel 2007 的版本
按下**關閉預覽列印**鈕或 Esc 鍵,可以回到工作表視窗。

❻ 按下**下一頁**鈕 ,可以顯示下一頁的內容

NO. 126　印表機列印的基本操作！列印目前顯示的工作表

為了將資料交給客戶或主管，常常需要將製作好的文件列印出來。在列印時，想將目前執行中的工作表列印出來。在操作上並不會特別困難，只要記住操作步驟即可。

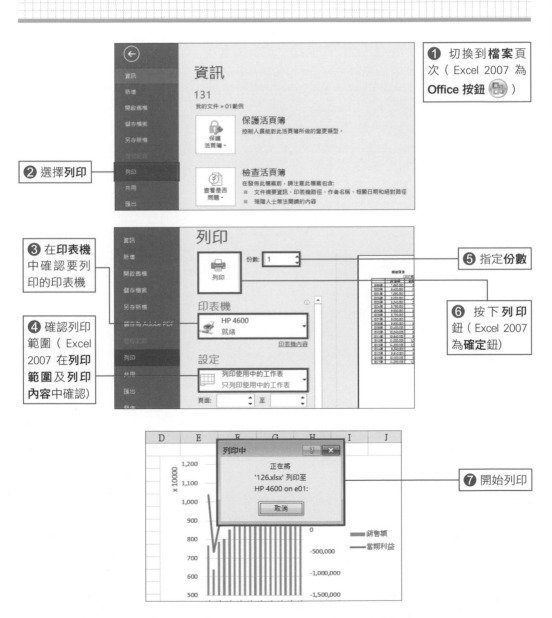

❶ 切換到**檔案**頁次（Excel 2007 為 **Office 按鈕** ）

❷ 選擇**列印**

❸ 在**印表機**中確認要列印的印表機

❹ 確認列印範圍（Excel 2007 在**列印範圍**及**列印內容**中確認）

❺ 指定**份數**

❻ 按下**列印**鈕（Excel 2007 為**確定**鈕）

❼ 開始列印

NO. 127 在有列印雛型的模式下，編輯文件的技巧

在文件編輯過程式中，若無法掌握完成後的結果時，可以切換到整頁模式。在此模式下，上下左右的邊界或頁首、頁尾等內容都會顯示，因此可以在有列印雛型概念下，進行編輯。

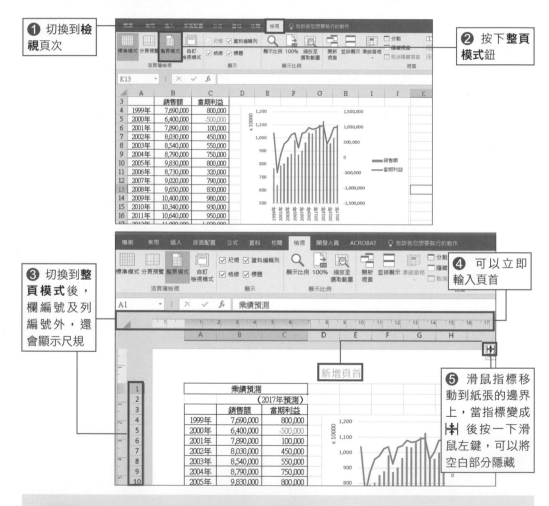

① 切換到**檢視**頁次

② 按下**整頁模式**鈕

③ 切換到**整頁模式**後，欄編號及列編號外，還會顯示尺規

④ 可以立即輸入頁首

⑤ 滑鼠指標移動到紙張的邊界上，當指標變成 後按一下滑鼠左鍵，可以將空白部分隱藏

⊕ 進階技巧 從右下角的按鈕切換成「整頁模式」

在畫面下方**狀態列**的右邊有 3 個並排的按鈕。按下其中的**整頁模式**鈕 ，可以切換成整頁模式。按下**檢視**頁次中的**標準模式**鈕或按下**狀態列**中的**標準模式**鈕 ，即可將畫面切換回標準模式。

NO. 128

文件超出頁面，
如何調整邊界大小？

編輯好的資料，無法同時顯示在同一頁面時，可以將邊界縮小。調整邊界時，可以從選單中調整邊界大小，也可以利用數值來指定。不論是用哪種方法，要注意不要因邊界太小，反而讓文件給人有壓迫感。

簡便的調整邊界方法

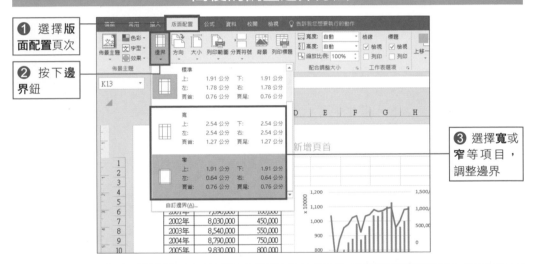

❶ 選擇**版面配置**頁次

❷ 按下**邊界**鈕

❸ 選擇**寬**或**窄**等項目，調整邊界

用數值指定邊界大小

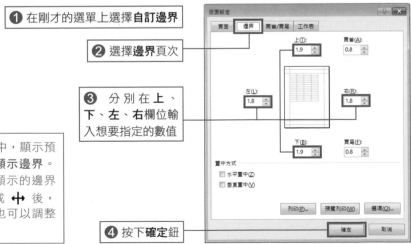

❶ 在剛才的選單上選擇**自訂邊界**

❷ 選擇**邊界**頁次

❸ 分別在**上**、**下**、**左**、**右**欄位輸入想要指定的數值

❹ 按下**確定**鈕

Excel 2007 的版本

在 8-2 頁的操作中，顯示預覽列印後，勾選**顯示邊界**。將滑鼠指標移到顯示的邊界上方，當指標變成 ✛ 後，利用拖曳的方式也可以調整邊界大小。

設定紙張大小或直式、橫式方向後再列印

列印文件時，要注意紙張大小及紙張的直橫向。這些設定可以在「版面配置」頁次中變更。在 Excel 2016/2013/2010 中，也可以直接在預覽列印的畫面中設定。

從「版面配置」頁次中變更紙張大小

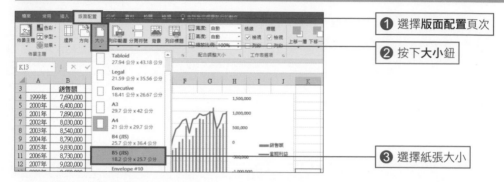

❶ 選擇版面配置頁次

❷ 按下大小鈕

❸ 選擇紙張大小

從「版面配置」頁次中變更紙張方向

❶ 選擇版面配置頁次

❷ 按下方向鈕

❸ 選擇紙張方向

在預覽列印中變更大小及方向

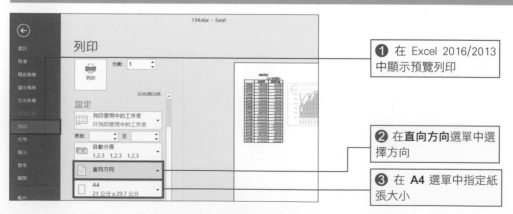

❶ 在 Excel 2016/2013 中顯示預覽列印

❷ 在直向方向選單中選擇方向

❸ 在 A4 選單中指定紙張大小

NO. 130

列印部份工作表！
指定想要列印的範圍

在沒有特別指定的情況下，工作表中的表格或圖表都會被列印出來。這裡將指定工作表的列印範圍，設定後，列印範圍會以灰色實線顯示。可從預覽列印視窗確認。

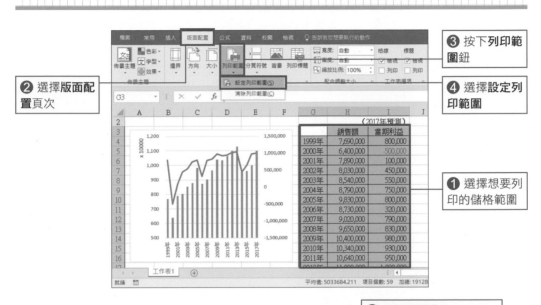

② 選擇**版面配置**頁次

③ 按下**列印範圍**鈕

④ 選擇**設定列印範圍**

① 選擇想要列印的儲格範圍

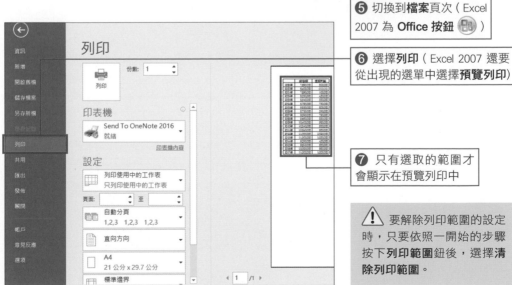

⑤ 切換到**檔案**頁次（Excel 2007 為 **Office 按鈕**）

⑥ 選擇**列印**（Excel 2007 還要從出現的選單中選擇**預覽列印**）

⑦ 只有選取的範圍才會顯示在預覽列印中

⚠ 要解除列印範圍的設定時，只要依照一開始的步驟按下**列印範圍**鈕後，選擇**清除列印範圍**。

NO. 131 在表格的適當位置中 指定分頁的方法

要列印紙張沒有辦法完全收納表格範圍時，超出的範圍會被列印在下一頁。若分頁的位置不適當時，可以在適當的位置手動進行分頁，以免讓資料有被切斷的感覺。

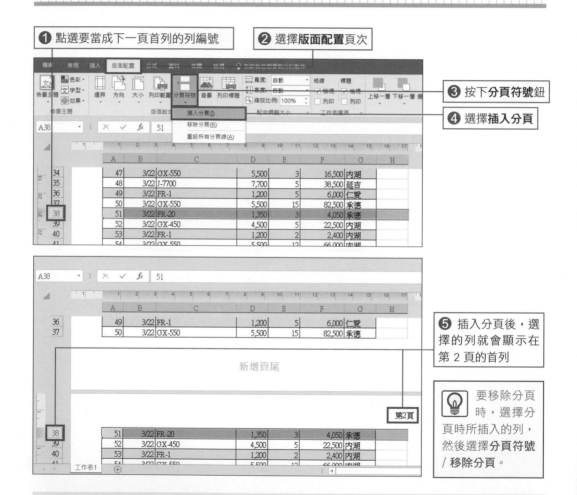

❶ 點選要當成下一頁首列的列編號

❷ 選擇版面配置頁次

❸ 按下分頁符號鈕

❹ 選擇插入分頁

❺ 插入分頁後，選擇的列就會顯示在第 2 頁的首列

要移除分頁時，選擇分頁時所插入的列，然後選擇分頁符號 / 移除分頁。

⊕ 進階技巧　在標準模式中插入分頁

這裡是在**整頁模式**（參照 8-4 頁）中進行插入分頁的操作，若在**標準模式**下，用相同的操作方法也可插入分頁。

NO. 132

不想刪除文件內容，將資料擠在同一頁的方法

想要將文件內容塞在規定的頁數裡。若無法將多出的資料刪除，可以試試縮小列印。但要注意的是，當文件內容太多時，列印出來的內容是否會變太小。

❷ 想要將資料全都顯示在同一頁面時，選擇**版面配置**頁次

❸ 按下**寬度**右邊的 ▼

❹ 這裡選擇 **1 頁**

❶ 在**整頁模式**中，可以看到圖表已經跨到右邊的第 2 個頁面

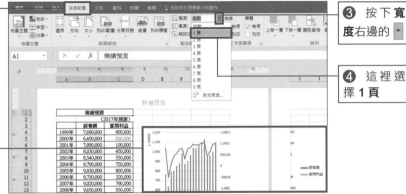

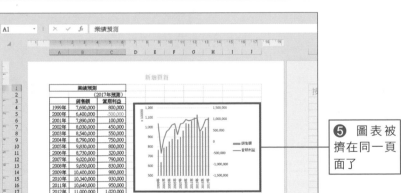

❺ 圖表被擠在同一頁面了

⊕ 進階技巧 想要快速列印在單一頁

在 Excel 2016/2013/2010 中，想要快速設定列印在同一頁面時，先切換到預覽列印畫面❶。按下**不變更比例**列示窗後❷，選擇**將工作表放入單一頁面**❸。

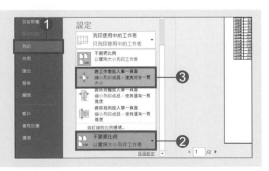

NO. 133

橫跨在多頁的表格，
希望每一頁都能顯示標題列

編輯好的表格資料太多，需要以多頁顯示時，在每頁的最前面加上標題列，會讓文件更親切。這個操作可能會造成原本資料換頁位置的變動，需特別注意。

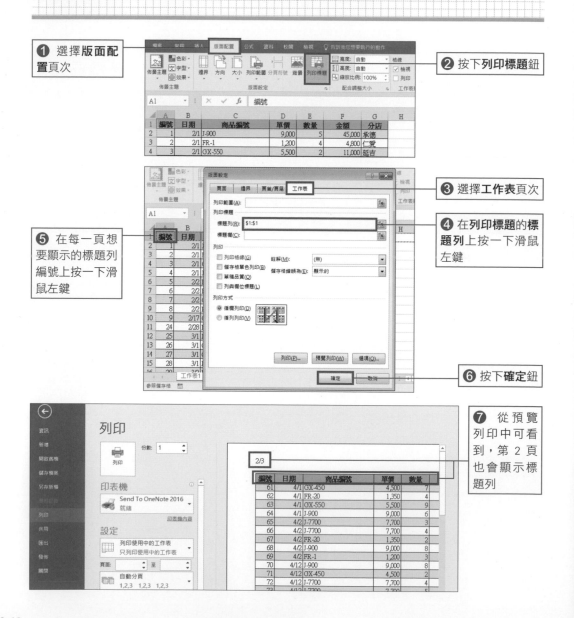

❶ 選擇**版面配置**頁次

❷ 按下**列印標題**鈕

❸ 選擇**工作表**頁次

❹ 在**列印標題**的**標題列**上按一下滑鼠左鍵

❺ 在每一頁想要顯示的標題列編號上按一下滑鼠左鍵

❻ 按下**確定**鈕

❼ 從預覽列印中可看到，第 2 頁也會顯示標題列

NO. 134　將想要顯示的文件資訊插入頁首、頁尾

頁碼、日期、檔案名稱等文件相關資訊，通常會顯示在文件的上方或下方。顯示在頁面上方的稱為「頁首」、顯示在下方的則稱為「頁尾」。這裡將介紹輸入頁首文字的操作。

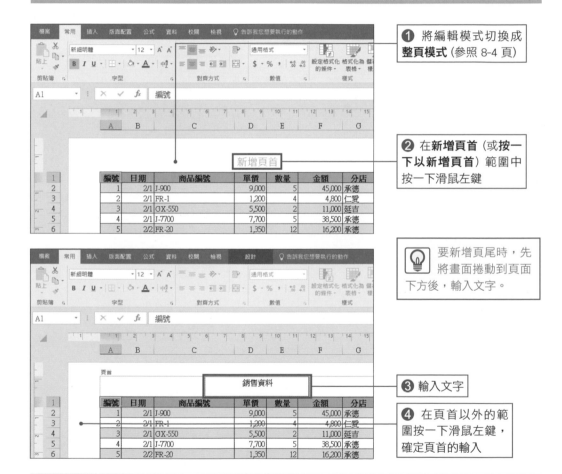

❶ 將編輯模式切換成**整頁模式**（參照 8-4 頁）

❷ 在**新增頁首**（或按一下以新增頁首）範圍中按一下滑鼠左鍵

💡 要新增頁尾時，先將畫面捲動到頁面下方後，輸入文字。

❸ 輸入文字

❹ 在頁首以外的範圍按一下滑鼠左鍵，確定頁首的輸入

⊕進階技巧　有左、中、右 3 個部分可以輸入

不論是頁首或頁尾，都分成左、中、右 3 個部分，在想要輸入的位置上按一下滑鼠左鍵，就能輸入文字（滑鼠指標移到輸入對象的上方後，範圍邊界就會變色）。左邊的頁首（頁尾）會靠左對齊、中間會置中對齊、右邊會靠右對齊。

NO. 135

節省輸入資料的時間！
在頁首自動顯示日期

在文件中常常會需要輸入日期。若能在頁首自動顯示日期的話，就能減少操作。另外，除了日期外，也能插入頁碼、檔名、工作表名稱等 (請參照下方的『進階技巧』)。

① 請切換到**整頁模式**，在要輸入頁首的範圍中按一下滑鼠左鍵

② 選擇**設計**頁次

③ 按下**目前日期**鈕

④ 在頁首的範圍中輸入「&[**日期**]」

⑤ 在工作表中頁首範圍外按一下滑鼠左鍵，或按下 Tab 鍵，確定輸入

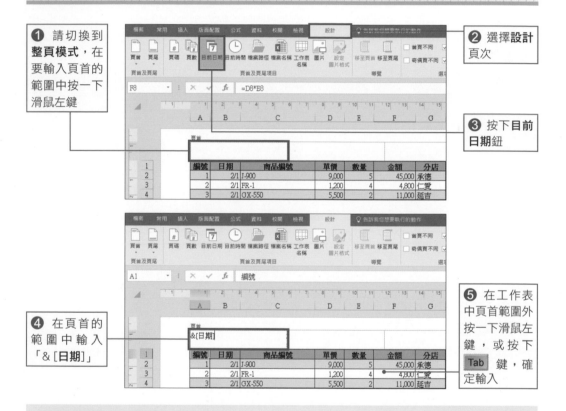

↑ 進階技巧 **頁首與頁尾的指令**

可以從**設計**頁次中指定各種自動輸入的指令。下圖為功能區中與頁首、頁尾相關的指令。

輸入頁碼或頁數　　　輸入日期或時間　　　插入圖片

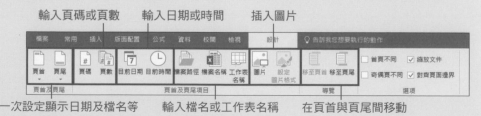

一次設定顯示日期及檔名等　　輸入檔名或工作表名稱　　在頁首與頁尾間移動

NO. 136
確認活頁簿內容時，在儲存格中插入註解

為了確認文件的內容，會將 Excel 活頁簿給多人瀏覽。當發現有疑問的地方，不是直接進行修改，而是輸入在儲存格的註解中。另外，註解會自動插入使用者名稱。

新增註解

❷ 選擇**校閱**頁次

❸ 按下**新增註解**鈕

❶ 選擇想要插入註解的儲存格

💡 也可以在儲存格上按一下滑鼠右鍵，然後從選單中選擇**插入註解**。

❹ 輸入註解內容。完成後，點選其他儲存格

💡 第 1 列輸入的「Win7User」是使用者名稱。可以變更或刪除。

查看註解

❶ 有插入註解的儲存格會顯示紅色標記

❷ 將滑鼠指標移動到儲存格上方

❸ 顯示的註解

NO. 137 當儲存格被選取時，顯示提示訊息，以了解輸入資料的注意事項

在輸入資料時，若希望英文字母要用大寫資料、中文字的輸入限制為 100 個字內、不可省略商品名稱等。當在工作表輸入資料時，有需要注意的事項時，可以利用訊息來提示。

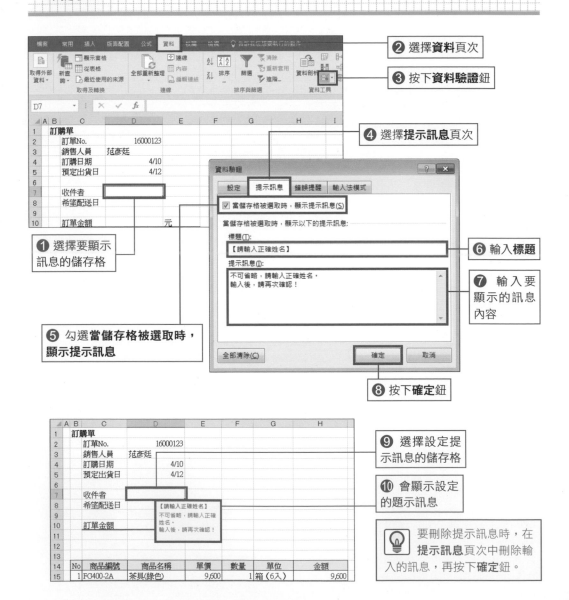

❷ 選擇**資料**頁次
❸ 按下**資料驗證**鈕
❹ 選擇**提示訊息**頁次
❶ 選擇要顯示訊息的儲存格
❺ 勾選**當儲存格被選取時，顯示提示訊息**
❻ 輸入**標題**
❼ 輸入要顯示的訊息內容
❽ 按下**確定**鈕
❾ 選擇設定提示訊息的儲存格
❿ 會顯示設定的題示訊息

要刪除提示訊息時，在**提示訊息**頁次中刪除輸入的訊息，再按下**確定**鈕。

NO. 138

想要上下配置多個欄位
不同的表格！

想要將多個表格上下配置時，若結構相似的表格還可以辦到，但若結構完全不同的內容，就無法順利的完成。這裡將介紹從第 2 個表格以後，皆複製成圖片後再貼上的方法。

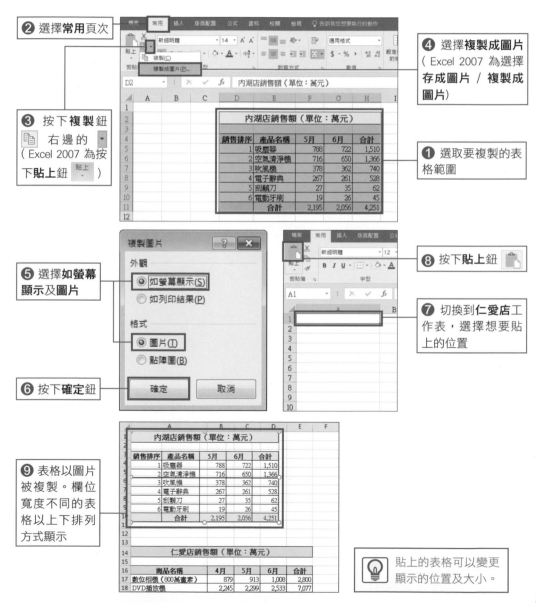

❷ 選擇**常用**頁次

❸ 按下**複製**鈕 右邊的 ▾
（Excel 2007 為按下**貼上**鈕）

❹ 選擇**複製成圖片**
（Excel 2007 為選擇**存成圖片 / 複製成圖片**）

❶ 選取要複製的表格範圍

❺ 選擇**如螢幕顯示**及**圖片**

❻ 按下**確定**鈕

❽ 按下**貼上**鈕

❼ 切換到**仁愛店**工作表，選擇想要貼上的位置

❾ 表格以圖片被複製。欄位寬度不同的表格以上下排列方式顯示

貼上的表格可以變更顯示的位置及大小。

NO. 139 利用與來源資料連結的方式，將表格以圖片貼上

前一頁介紹了將表格以圖片方式複製的方法。這裡將與原始資料連結後，將表格以圖片方式貼上。利用這個方法，當原始資料修正後，貼上的表格也內容也會自動更新。

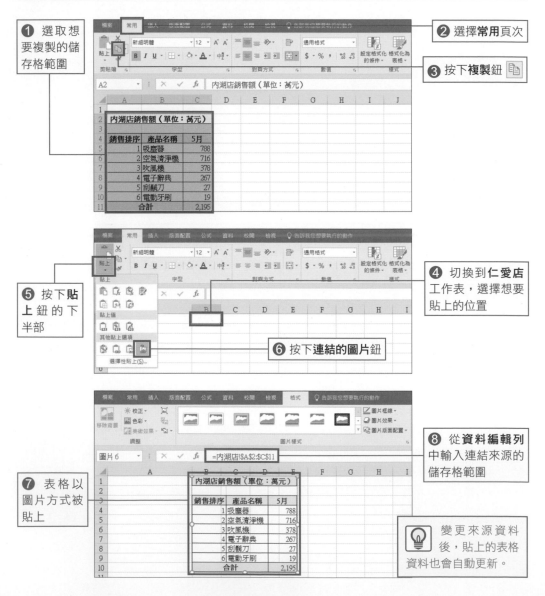

❶ 選取想要複製的儲存格範圍

❷ 選擇**常用**頁次

❸ 按下**複製**鈕

❹ 切換到**仁愛店**工作表，選擇想要貼上的位置

❺ 按下**貼上**鈕的下半部

❻ 按下**連結的圖片**鈕

❼ 表格以圖片方式被貼上

❽ 從**資料編輯列**中輸入連結來源的儲存格範圍

變更來源資料後，貼上的表格資料也會自動更新。

NO. 140　輸入數學或統計方程式

在數學或統計中使用的符號有些比較特殊，但工作表中也能編輯這樣的公式。利用
方程式編輯器就能編輯複雜的公式，遇到這種情況時，可以多加活用。

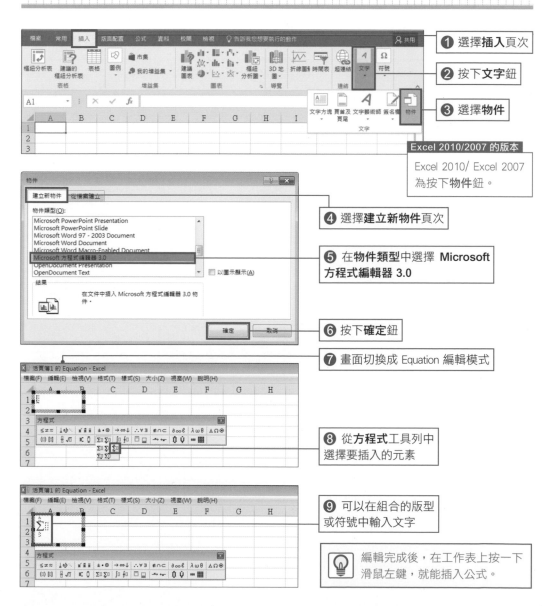

❶ 選擇**插入**頁次

❷ 按下**文字**鈕

❸ 選擇**物件**

Excel 2010/2007 的版本

Excel 2010/ Excel 2007
為按下**物件**鈕。

❹ 選擇**建立新物件**頁次

❺ 在**物件類型**中選擇 Microsoft
方程式編輯器 3.0

❻ 按下**確定**鈕

❼ 畫面切換成 Equation 編輯模式

❽ 從**方程式**工具列中
選擇要插入的元素

❾ 可以在組合的版型
或符號中輸入文字

編輯完成後，在工作表上按一下
滑鼠左鍵，就能插入公式。

使用自訂檢視模式切換不同的顯示內容

使用**自訂檢視模式**功能，可以儲存工作表的顯示設定或列印設定，在必要時可以快速切換顯示。這裡將介紹把依照條件取出的資料結果登錄的方法。

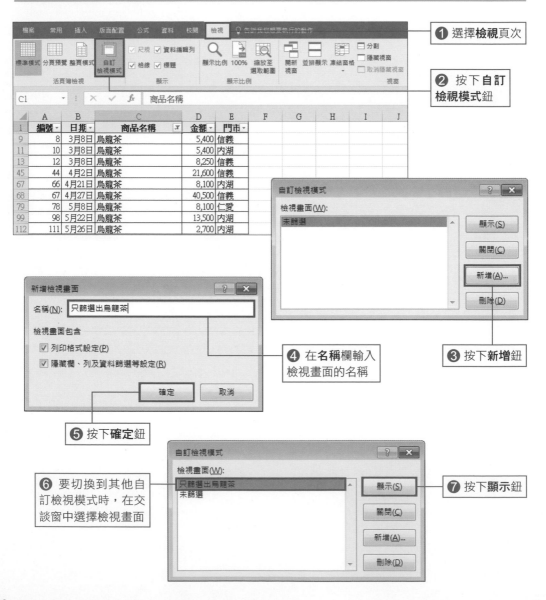

❶ 選擇**檢視**頁次

❷ 按下**自訂檢視模式**鈕

❸ 按下**新增**鈕

❹ 在**名稱**欄輸入檢視畫面的名稱

❺ 按下**確定**鈕

❻ 要切換到其他自訂檢視模式時，在交談窗中選擇檢視畫面

❼ 按下**顯示**鈕

第 **9** 章

製作商業文件的
進階技巧

在工作上，有時會被意外的要求用 Excel 執行各種技巧。為了能應對這種突發情況，請記住這裡所介紹的便利功能。特別是「格式化的條件」功能，此功能可以快速找出符合條件的資料，例如：重複的資料、排序在前面 70% 的值等。

NO. 142 改變對 Excel 的印象！？ 變換成符合心情的顏色

平常一直在使用的 Excel，每天啟動 Excel 已經變成習慣性動作。這裡將利用設定改變 Excel 的外觀。以重拾回以前啟動 Excel 的新鮮感。

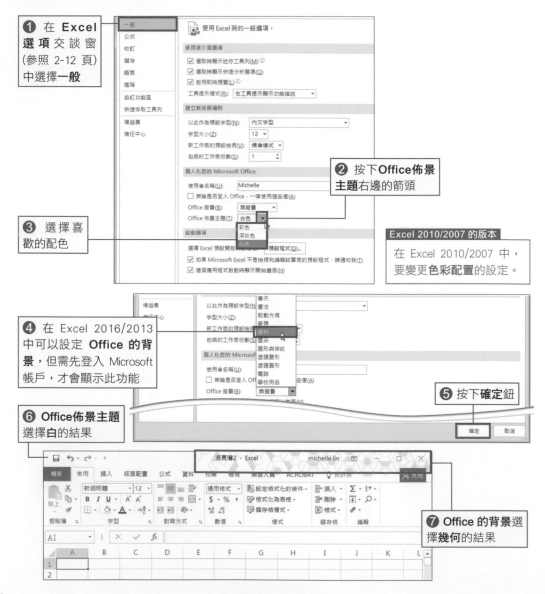

❶ 在 Excel 選項交談窗（參照 2-12 頁）中選擇一般

❷ 按下 Office 佈景主題右邊的箭頭

❸ 選擇喜歡的配色

Excel 2010/2007 的版本
在 Excel 2010/2007 中，要變更**色彩配置**的設定。

❹ 在 Excel 2016/2013 中可以設定 **Office 的背景**，但需先登入 Microsoft 帳戶，才會顯示此功能

❺ 按下**確定**鈕

❻ **Office 佈景主題** 選擇白的結果

❼ **Office 的背景**選擇**幾何**的結果

NO. 143 在「快速存取工具列」中新增常用的功能

在 Excel 視窗的左上角區域，為「快速存取工具列」。預設的情況下有一些按鈕被設定顯示，可以快速完成操作是其優點。這裡將把常用的功能以按鈕方式新增到快速存取工具列中。

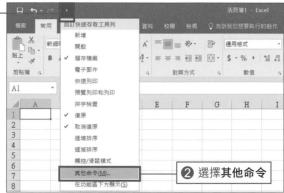

① 按下**快速存取工具列**的

② 選擇**其他命令**

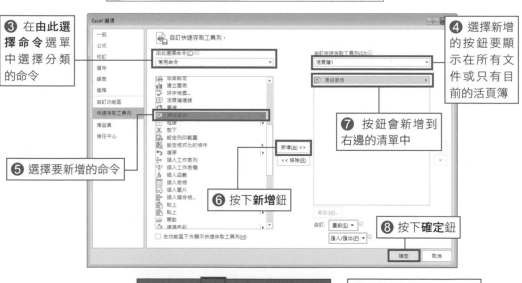

③ 在**由此選擇命令**選單中選擇分類的命令

④ 選擇新增的按鈕要顯示在所有文件或只有目前的活頁簿

⑤ 選擇要新增的命令

⑥ 按下**新增**鈕

⑦ 按鈕會新增到右邊的清單中

⑧ 按下**確定**鈕

⑨ 新增的命令按鈕會顯示在**快速存取工具列**中

NO. 144
免寫程式！將符合指定條件的儲存格自動設定格式

在 Excel 中有將符合條件的儲存格自動設定格式的功能。例如想要將達到一定銷售額的數值特別標示出來。本單元要介紹將數值大於「100」的儲存格填上黃色背景的操作方法。

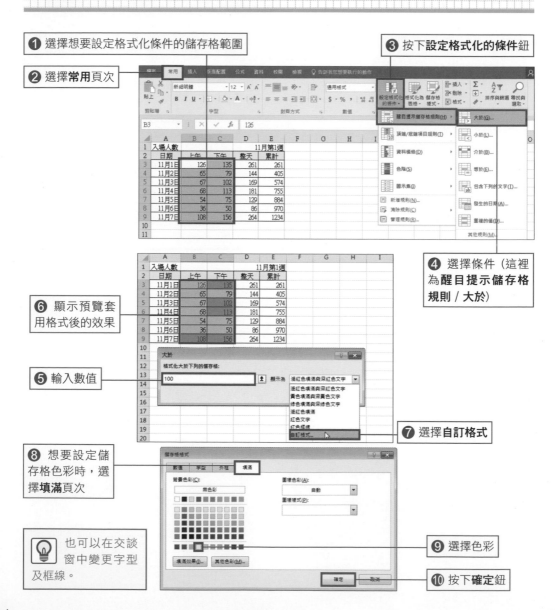

❶ 選擇想要設定格式化條件的儲存格範圍

❷ 選擇**常用**頁次

❸ 按下**設定格式化的條件**鈕

❹ 選擇條件（這裡為**醒目提示儲存格規則 / 大於**）

❻ 顯示預覽套用格式後的效果

❺ 輸入數值

❼ 選擇**自訂格式**

❽ 想要設定儲存格色彩時，選擇**填滿**頁次

也可以在交談窗中變更字型及框線。

❾ 選擇色彩

❿ 按下**確定**鈕

NO. 145 清除格式化的條件設定

上一頁介紹了設定格式化的條件操作方法後，卻不清楚要怎麼解除。要清除設定的規則時，要開啟設定格式化的條件規則管理員交談窗，然後刪除格式化的條件。

① 選擇**常用**頁次

② 按下**尋找與選取**鈕

③ 選擇**設定格式化的條件**

④ 設定格式化條件的儲存格範圍會被選取

⑤ 按下**設定格式化的條件**鈕

⑥ 選擇**管理規則**

⑦ 選擇想要刪除的規則

⑧ 按下**刪除規則**鈕

⑨ 按下**確定**鈕後，規則就會被刪除

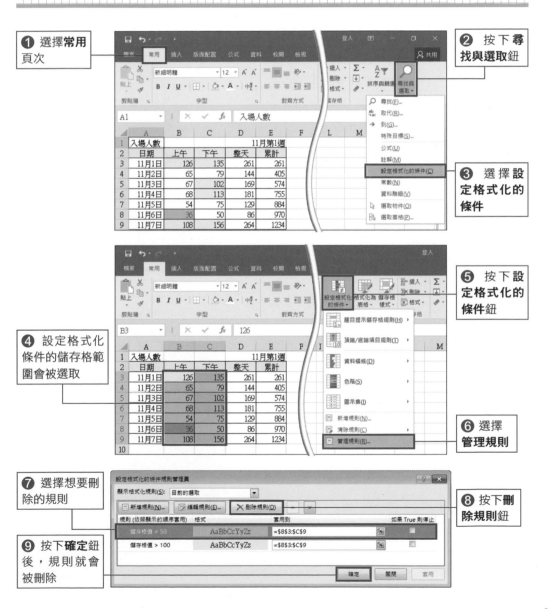

NO. 146
幫助資料合計或分析！突顯指定範圍內的數字

格式化的條件可以設定各種不同的條件。若能靈活運用，表格的合計或分析也能輕鬆執行。這裡將從整合過的各月平均氣溫表格中，突顯出 15～20 度範圍間的氣溫。

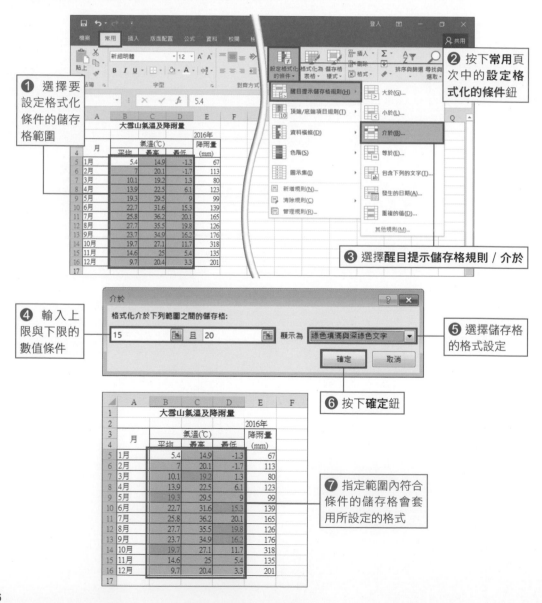

1 選擇要設定格式化條件的儲存格範圍

2 按下**常用**頁次中的**設定格式化的條件**鈕

3 選擇**醒目提示儲存格規則 / 介於**

4 輸入上限與下限的數值條件

5 選擇儲存格的格式設定

6 按下**確定**鈕

7 指定範圍內符合條件的儲存格會套用所設定的格式

NO. 147

格式化的條件在字串也適用！ 強調顯示特定的儲存格

格式化的條件不僅可以使用在數值上，字串也可以使用。設定方法沒有太大的改變，也沒有特別困難的步驟。這裡將介紹日本湖沼的比較表格中，將包含「沼」的儲存格套用格式設定。

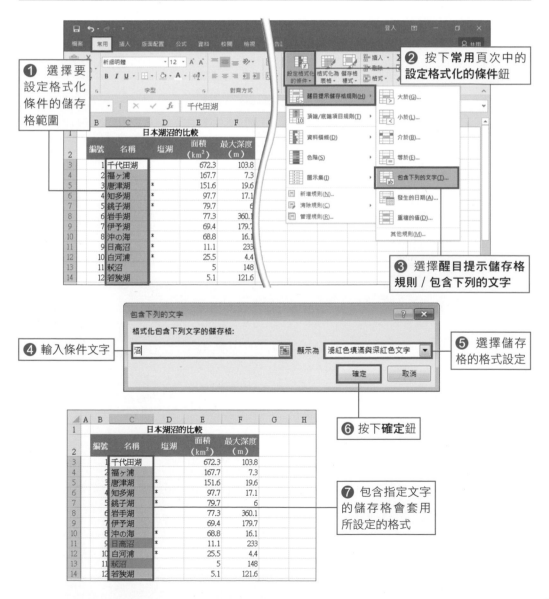

❶ 選擇要設定格式化條件的儲存格範圍

❷ 按下常用頁次中的設定格式化的條件鈕

❸ 選擇醒目提示儲存格規則／包含下列的文字

❹ 輸入條件文字

❺ 選擇儲存格的格式設定

❻ 按下確定鈕

❼ 包含指定文字的儲存格會套用所設定的格式

NO. 148 快速標示出重複資料的簡便技巧

在工作中，遇到要從表格中標示出重複的資料時，利用眼睛尋找會非常辛苦。使用格式化的條件功能，可以將重複的資料標示出來，因此會節省不少時間。

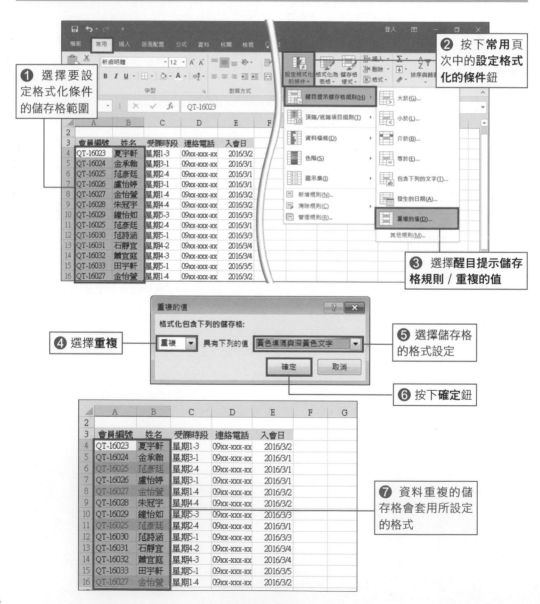

① 選擇要設定格式化條件的儲存格範圍

② 按下**常用**頁次中的設定格式化的條件鈕

③ 選擇**醒目提示儲存格規則 / 重複的值**

④ 選擇**重複**

⑤ 選擇儲存格的格式設定

⑥ 按下**確定**鈕

⑦ 資料重複的儲存格會套用所設定的格式

NO. 149

複雜的條件也不怕！
哪些是可列入前面70%的數值

在格式化的條件中，從『頂端/底端項目規則』選單中，可以指定突顯列入前面○%的儲存格。例如，想突顯銷售額排在前面 70% 的數字。另外，○%可以指定任何數字。

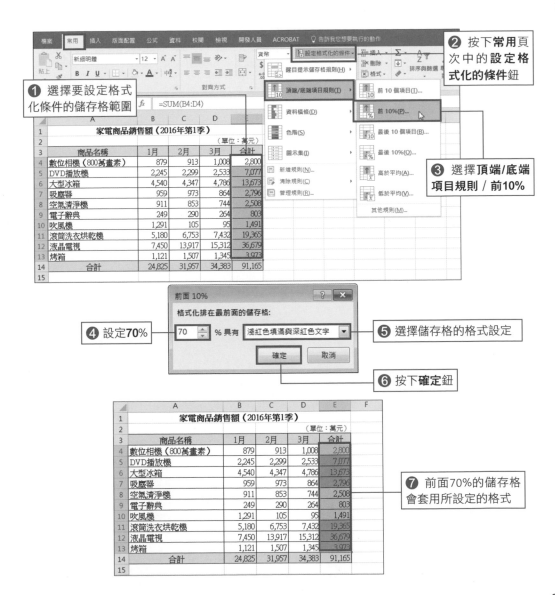

❶ 選擇要設定格式化條件的儲存格範圍

❷ 按下**常用**頁次中的**設定格式化的條件**鈕

❸ 選擇**頂端/底端項目規則** / 前10%

❹ 設定**70%**

❺ 選擇儲存格的格式設定

❻ 按下**確定**鈕

❼ 前面70%的儲存格會套用所設定的格式

NO. 150

靈活管理行程！
只在下週的日期旁顯示星期幾

可以設定特定日期的顯示格式。這裡只將下星期的日期以新增星期方式顯示成「11/13 (週日)」。因無法設定顯示星期的設定功能，所以要在『自訂』中設定。

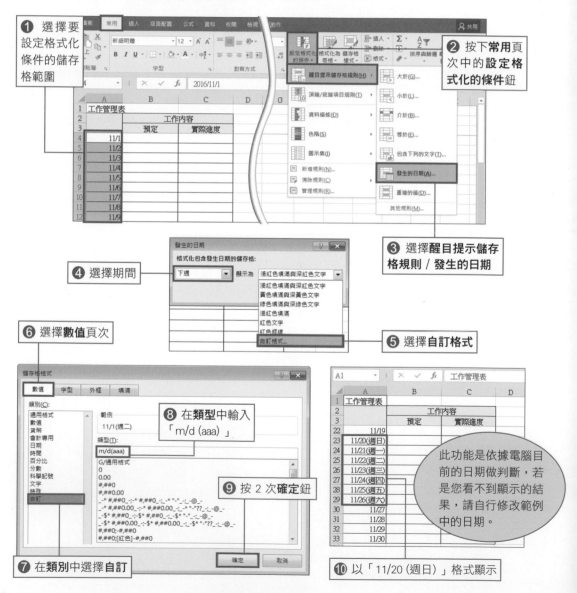

① 選擇要設定格式化條件的儲存格範圍

② 按下**常用**頁次中的**設定格式化的條件**鈕

③ 選擇**醒目提示儲存格規則 / 發生的日期**

④ 選擇期間

⑤ 選擇**自訂格式**

⑥ 選擇**數值**頁次

⑦ 在**類別**中選擇**自訂**

⑧ 在**類型**中輸入「m/d (aaa)」

⑨ 按 2 次**確定**鈕

⑩ 以「11/20 (週日)」格式顯示

此功能是依據電腦目前的日期做判斷，若是您看不到顯示的結果，請自行修改範例中的日期。

NO. 151

將數值的大小用漸層來呈現！

數值的大小可以用顏色的漸層來顯示。這功能稱為「色階」。適用在掌握資料的微妙變化或分佈。另外，也可依喜歡變更漸層的配色。

依數值來區分色彩

❶ 選擇要設定的儲存格範圍

❷ 按下**常用**頁次中的**設定格式化的條件**鈕

❸ 選擇**色階**

❹ 選擇想要使用的配色項目

❺ 滑鼠移動到配色項目時，可以預覽設定結果

❻ 選擇**其他規則**，則可變更配色

變更配色的方法

❶ 在上面的畫面中選擇**其他規則**，然後選擇**根據其值格式化所有儲存格**

❷ 在**格式樣式**中選擇**雙色色階**或**三色色階**

❸ 指定最小值及最大值的色彩

⚠️ 選擇**三色色階**時，要多設定中間點的色彩。

❹ 按下**確定**鈕後，色彩就會被套用

NO. 152

如何在工作表中貼上圖片檔案?

除了表格和圖表外,也想將圖片當成參考資料貼到工作表中!Excel 也可以插入圖片檔案,圖片可以在工作表中自由移動或將尺寸放大、縮小。

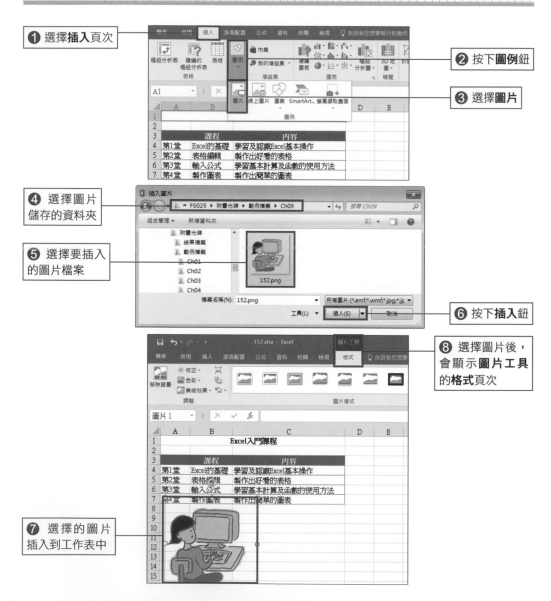

① 選擇**插入**頁次

② 按下**圖例**鈕

③ 選擇**圖片**

④ 選擇圖片儲存的資料夾

⑤ 選擇要插入的圖片檔案

⑥ 按下**插入**鈕

⑧ 選擇圖片後,會顯示**圖片工具**的**格式**頁次

⑦ 選擇的圖片插入到工作表中

NO. 153 將□或○組合在工作表中繪製圖案

在工作表中新增簡單的圖形，可以幫助讀者更理解內容。可以使用的圖形有線條、矩形、基本圖案、箭號圖案、方程式圖案、流程圖、星星及綵帶、圖說文字等 8 種。

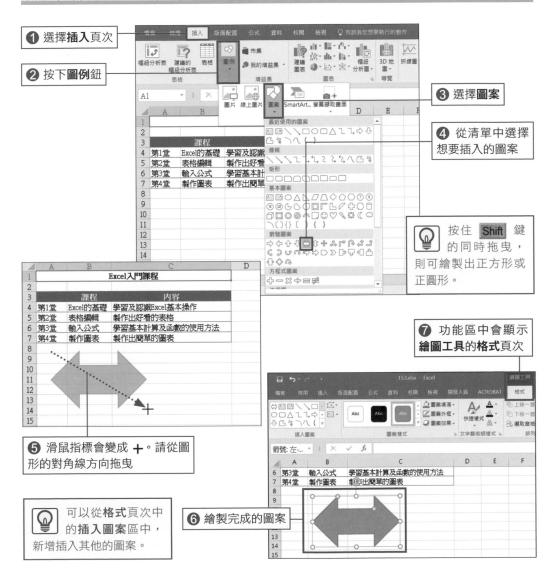

❶ 選擇**插入**頁次

❷ 按下**圖例**鈕

❸ 選擇**圖案**

❹ 從清單中選擇想要插入的圖案

按住 Shift 鍵的同時拖曳，則可繪製出正方形或正圓形。

❼ 功能區中會顯示**繪圖工具**的**格式**頁次

❺ 滑鼠指標會變成 ✛。請從圖形的對角線方向拖曳

可以從**格式**頁次中的**插入圖案**區中，新增插入其他的圖案。

❻ 繪製完成的圖案

NO. 154 如何在工作表上製作 複雜的組織圖或圖表？

利用上一頁的方法來編輯複雜的圖形時，會非常費功夫。在 Excel 中利用「SmartArt」功能來製作的話，就能以自訂方式製作出美觀的組織圖或流程圖。

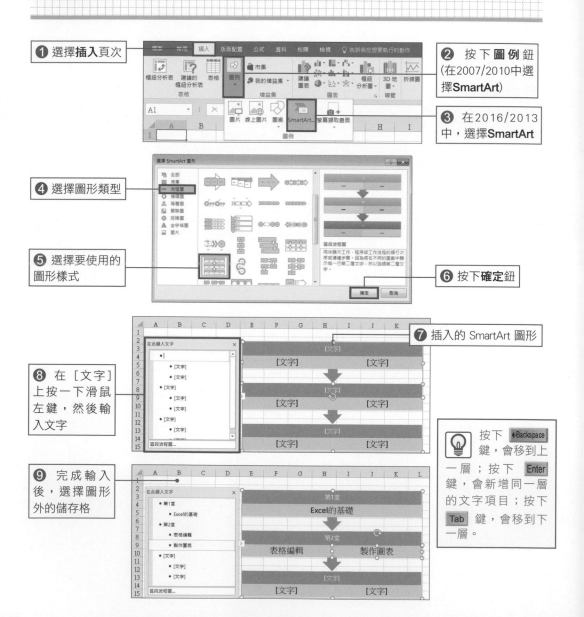

① 選擇**插入**頁次

② 按下**圖例**鈕（在2007/2010中選擇SmartArt）

③ 在2016/2013中，選擇SmartArt

④ 選擇圖形類型

⑤ 選擇要使用的圖形樣式

⑥ 按下**確定**鈕

⑦ 插入的 SmartArt 圖形

⑧ 在［文字］上按一下滑鼠左鍵，然後輸入文字

⑨ 完成輸入後，選擇圖形外的儲存格

💡 按下 ←Backspace 鍵，會移到上一層；按下 Enter 鍵，會新增同一層的文字項目；按下 Tab 鍵，會移到下一層。

NO. 155 建立文字方塊，自由配置文字顯示的位置

不管儲存格的大小或顯示位置，想要自由配置文字時，可以插入「文字方塊」，然後在方塊中輸入文字。文字方塊的配置或大小都可以依需求調整。

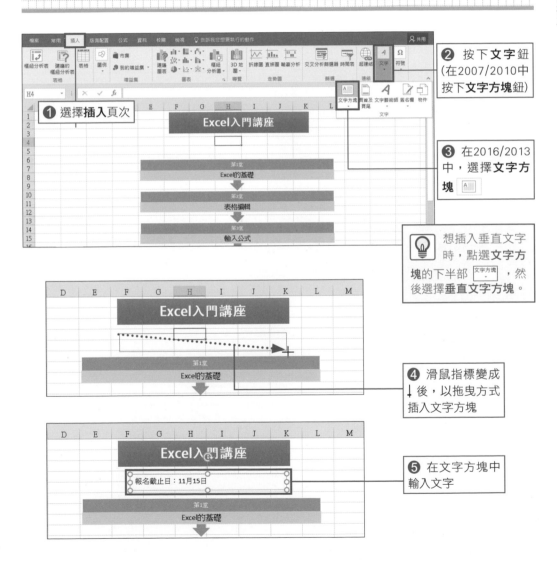

❷ 按下**文字**鈕（在2007/2010中按下**文字方塊**鈕）

❶ 選擇**插入**頁次

❸ 在2016/2013中，選擇**文字方塊**

💡 想插入垂直文字時，點選**文字方塊**的下半部，然後選擇**垂直文字方塊**。

❹ 滑鼠指標變成 ↓ 後，以拖曳方式插入文字方塊

❺ 在文字方塊中輸入文字

NO. 156 變換文字方塊內的格式以美化外觀

上一頁介紹文字方塊插入方法，在方塊中輸入的文字，可以變更其格式。只要確認好設定方法，就能調整成喜歡的字型或色彩、文字大小、文字間隔等。

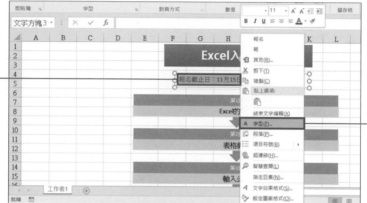

① 選取文字後，按下滑鼠右鍵

② 從選單中選擇想要變更的項目（這裡為**字型**）

③ 在交談窗中可以進行各種格式設定

④ 選擇**字元間距**頁次，可以調整文字間距等設定

⊕進階技巧 設定縮排和段落

按下滑鼠右鍵，從顯示的選單中選擇**段落**後，就能設定縮排或段落。

NO. 157

將資料由大到小或筆劃排序！

輸入的資料可以依數字的大小或中文字的筆畫來排序。排序方式可以在降冪 (3 / 2 / 1) 和升冪 (1 / 2 / 3) 間切換，是整理資料一定會用到的功能。

將數值由大到小 (降冪) 排序

1 選擇要當成排序基準的欄位儲存格

2 按下**常用**頁次的**排序與篩選**鈕

3 選擇從最大到小排序

4 數值由大到小 (降冪) 排序

將文字依筆畫由小到大 (升冪) 排序

1 選擇要當成排序基準的欄位儲存格

2 按下**常用**頁次的**排序與篩選**鈕

3 選擇從 A 到 Z 排序

4 文字依筆劃由小到大 (升冪) 排序

NO. 158 | 在捲動畫面前，先將表格標題固定

想要查看長表格下方的資料時，若捲動視窗後，表格標題就會被隱藏，資料所代表的內容就會搞不清楚。這時，可以設定讓標題一直顯示。這裡將介紹固定頂端列的操作方法。

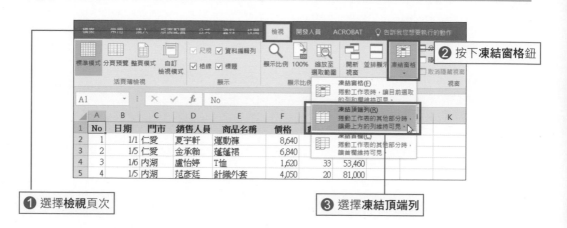

❷ 按下**凍結窗格**鈕

❶ 選擇**檢視**頁次

❸ 選擇**凍結頂端列**

❹ 捲動視窗後，因首列被固定住，所以會一直顯示在最上列

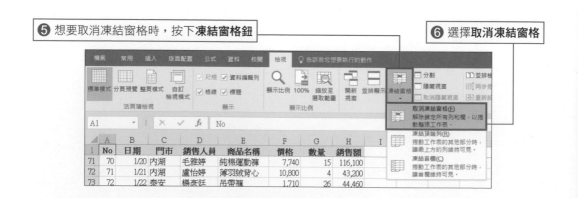

❺ 想要取消凍結窗格時，按下**凍結窗格**鈕

❻ 選擇**取消凍結窗格**

NO. 159 將活頁簿分割成兩個視窗，以便比對資料

長表格的資料無法同時顯示在畫面，但卻又想要比較資料前後的差別時，要不斷的將畫面來回捲動。這裡將介紹把畫面分割成上下視窗，上下視窗可以分別單獨捲動顯示。

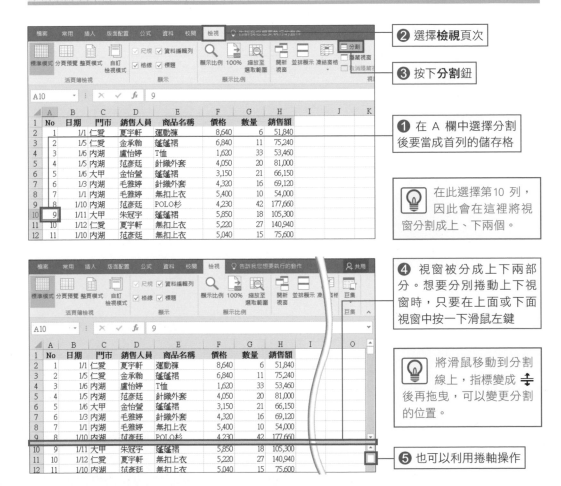

② 選擇**檢視**頁次

③ 按下**分割**鈕

① 在 A 欄中選擇分割後要當成首列的儲存格

在此選擇第 10 列，因此會在這裡將視窗分割成上、下兩個。

④ 視窗被分成上下兩部分。想要分別捲動上下視窗時，只要在上面或下面視窗中按一下滑鼠左鍵

將滑鼠移動到分割線上，指標變成 ⬍ 後再拖曳，可以變更分割的位置。

⑤ 也可以利用捲軸操作

⬆進階技巧 左右分割?可分割成 4 個視窗

要將視窗左右分割時，先選擇右邊視窗第一欄的第一列儲存格，然後按下**分割**鈕。畫面要分割成 4 個視窗時，選擇右下角視窗的左上角儲存格後，按下**分割**鈕。

MEMO

旗 標 FLAG

好書能增進知識　提高學習效率　卓越的品質是旗標的信念與堅持

旗 標 FLAG

http://www.flag.com.tw